職場 認章 22

喚醒沉睡的巨獅

眠れる獅子を起こす
グランドセイコー
復活物語

Grand Seiko

將一流品質的商品，從谷底打造成極具競爭力的全球精品品牌經營之路

Seiko Watch 前執行副總裁兼營運長

梅本宏彥 Hirohiko Umemoto————著

周奕君————譯

目次

第一章

成功的法則：掌握三個現場

第二章

讓誰賺錢？如何賺錢？

第三章

「提升品牌價值」，再造腕錶事業

第四章 Grand Seiko的成長戰略
——第I階段（前半）：喚醒沉睡的獅子

第五章 Grand Seiko 的成長戰略

——第一階段（後半）：確立一流品牌的地位

第六章 Grand Seiko的成長戰略——第二、三階段：「精品化」與「全球化」 235

推薦序

將危機轉化成生機的具體戰略與積極態度

曾士昕　鐘錶收藏家暨評論家

五年前，Grand Seiko 正式宣告成為獨立品牌，但對於臺灣為數眾多的 SEIKO 精工錶忠實愛好者來說，它早已是代表「高精密度」、「高品質」、「高品味」腕錶的同義詞；不論是 Credor（貴朵）、Grand Seiko 的機械或石英機芯錶款，市場反應皆是讚譽有加。然而，這個已誕生超過半世紀的日本品牌，自二〇一〇年開始積極拓展國際市場後，更憑藉高等級性能與洗鍊感，儼然已在全球錶壇站穩一席之地。

早年曾有幸參訪 SEIKO 錶廠和專業工坊，深知那超越瑞士天文台認證規格的 9S 機芯、獨具特色的 Spring Drive 機芯，以及展現極緻美感的錶盤、講究紋理細節的錶殼，是如何透過專業職人的精密調校與手工施作，方能成為錶友們腕上的每一只精準錶款。

面對如此優質品牌，卻也曾有與梅本宏彥先生相似的感慨：「好商品不一定賣得好。」覺得這般美好的腕錶卻鮮為人知而感到惋惜。

猶記得八年前，曾於臺灣精工舉辦的賞錶活動中，與梅本宏彥先生有過一面之緣。他溫文儒雅的親和身段，以及耐心聆聽每位與會錶友、藏家給予回饋的專注神情，很是令人印象深刻。此次細閱書中內容，更是對於他的縝密思維大感佩服。仔細且持續不停的情報搜集，一直是日本企業讓人佩服的基本功夫，而梅本宏彥先生更重視前往「現場」親身觀察，不論是面對他口中「對腕錶有著強烈『本物志向派』風格」的臺灣消費者，或是視察臺北、臺中和高雄等重點城市的銷售通路，事必躬親的態度，難怪能成功帶領臺灣精工員工們團結齊心，在短短五年內便迅速達成到兩倍業績的卓越目標。

很高興《喚醒沉睡的巨獅 Grand Seiko》一書能夠正式推出臺灣中文版，不僅讓在地錶友能更深入了解此一高級腕錶品牌，更可從中學習到梅本宏彥先生將危機轉化成生機的具體戰略與積極態度，必是令人獲益匪淺的優質範本。

推薦序

Grand Seiko 理性的品牌經營和感性的品牌情感價值

呂皇甫 光隆精密（開曼）股份有限公司董事長／鐘錶藏家

能為書籍寫序，是我收藏鐘錶二十多年來第一次嘗試，對於愛錶人的我來說，也是莫大的肯定與榮幸。

梅本宏彥先生這本《喚醒沉睡的巨獅 Grand Seiko》，對於身兼愛錶人與企業家雙重身分的我來說，在未來的收藏之路以及企業經營理念，都極具共鳴與衝擊。在鐘錶環境已經相當成熟的台灣，相信不少藏家也背負著企業經營、甚至轉型突破的重責大任，所以我相當推薦梅本宏彥先生這本書給大家，相信你一定能從中得到珍貴且不同角度的看法和經驗。

台灣許多企業，大多是家族組成，隨著時代的衝擊，企業必然要進行變革與突破，卻往往受限於世代間的觀念差異而產生重重阻礙。從梅本宏彥先生在書中的闡述可以得知，他是受到服部真二社長的邀請進入 Seiko Watch，進而有機會得以「管理人」的身份發揮所長。他從一個部門開始，透過三個現場「公司內部、銷售、製造」發現問題，並給予改善而讓部門獲利。這是一個由點到面的突破，隨著梅本宏彥先生職權、職責的提升，他的戰略擴大到整個企業、品牌營運，以及全世界的布局。這個過程也讓我們知道，要走出危機僵局，上級高層的授權與堅決改變的態度是第一要務，其次則是專業經理人由淺而深了解問題和困境之所在。梅本宏彥先生在不危及與違背企業品牌的初衷和理念下，做出過人的決策，改變了 SEIKO 的品牌命運，可以作為企業主與經理人的最佳範本。

梅本宏彥先生書中提及的三大逆風：「雷曼兄弟」金融風暴、「東日本大震災」、「超日圓升值」，其實對照台灣當今的企業，一樣面臨四大挑戰：「COVID-19」大疫情時代、「原物料航運及匯率」齊漲、「地球村」大瓦解、「碳稅淨零減排」議題延燒。企業主和管理人能否整合手頭上現有的資源，面對和解決這些挑戰，或許藉由梅本宏彥先生的論述，可以激盪出不一樣的觀點和想法，有助於管理者從不同角度切入危機，轉化成轉機。

台灣是個精密加工和代工產業十分發達的國家，品質及技術毋庸置疑，深得各國認可。若以自有產品及品牌的角度來看，國內的確有著為數不少的好商品，可惜卻鮮少立足且馳名於世。梅本宏彥先生說的「好商品不一定賣得好」、「品牌的情感價值」讓我感同身受，這兩句話不論是對那些立足於國內市場或是放眼國際市場的企業，都非常值得深思再三。SEIKO 也是藉由品牌改造、取得國內市場的品牌認同，再一步步塑造出與世界知名鐘錶品牌相等的「品牌情感價值」，奠定其「全球化」、「精品化」的基礎與計畫後，揮軍亞洲市場，再來布局全球，重新定位 SEIKO 的品牌價值，進而喚醒 Grand Seiko 這頭沉睡的獅子，與瑞士各大鐘錶品牌並駕齊驅。本書也是試圖發展自有品牌的企業最佳的參考典範。

梅本宏彥先生這本書讓愛錶人和藏家更了解 SEIKO 近代的演變歷史。台灣和日本有著歷史淵源，不論是日常生活、企業經營與經濟活動，都深受日本影響。SEIKO 是伴隨相當多人成長的品牌，但是當要作為機械錶的收藏時，嚮往的以及選擇的就是瑞士大廠的品牌。二十幾年前我剛剛踏入機械錶的領域，確實聽過 Grand Seiko 與 Credor，也知道它們是 SEIKO 中最頂規的品牌，但老實說，卻沒有進一步探索的念頭。隨著時間流逝，突然發現 SEIKO 的市場話題逐步提升，中價位的 SEIKO Astron、Prospex、Presage，以及與日本動漫電玩聯名的 SEIKO 5 Sports 系列，討論度和熱度逐漸攀升，更是集結了一群粉絲愛好者。而近二、三年由於鐘錶市場過度炒作，反而讓許多鐘錶愛好者，轉而發覺 Grand Seiko 的好。Grand Seiko 有著頂級的工藝，洗鍊的職人精神，內斂又帶點優雅，並散發出日本高端製錶的王者風範，把春夏秋冬十二節氣、日本的山靈水秀之美、風林火山的情境，千變幻化地表現在面盤上，吸引眾多專業藏家的目光。Grand Seiko 這頭巨獅已經徹底敲開世界的航道，而這本書，會讓藏家更貼近 SEIKO 的歷史演化。

梅本宏彥先生這本《喚醒沉睡的巨獅 Grand Seiko》，不論就企業品牌經營或是身為鐘錶藏家、愛好者的角度，都是一本不可多得的好著作。書內闡述許多品牌的建構、認同和差異化的策略、企業內部的再造提升，以及目標方針的擬定、放眼全球的計畫布局，相信各位一定能從中得到意想不到的收穫。對於 Grand Seiko 的愛好者來說，也能感受到 Grand Seiko 的鐘錶世界觀與企圖心，在收藏的同時，可以和 Grand Seiko 產生更多的連結和共鳴，加深對品牌的認同及喜愛。

最後，再次感謝真文化出版的邀約，讓我有榮幸為梅本宏彥先生的巨作寫序，希望讀者都能從這本書中得到啟發，產生新思維。

臺灣版自序

擴大臺灣精品腕錶市場與 Grand Seiko 的成長

這次我的新書《喚醒沉睡的巨獅 Grand Seiko》能夠在臺灣出版，身為作者感到既榮幸又喜悅。

第一次前往臺灣出差，是我還任職於三菱商事時期。那時我才二十歲出頭。

直到擔任 Seiko Watch 事業的營運負責人之後，我仍頻繁來訪臺灣，並在開展臺灣腕錶事業的同時，慢慢接觸臺灣的文化。

因此，我很期待許多臺灣讀者能讀到這本書。而我相信，書中所提到的各種經營戰略，也將是值得腕錶愛好者、企業經營者、商務人士和有志於相關領域的學生參考的經驗。

首先，讓我們來參考瑞士鐘錶工業聯合會（Federation of the Swiss Watch Industry, FH）

公布的資料。FH每年會比較瑞士主要腕錶生產及出口國家的業績，而最近三年來對臺灣的出口金額分別是二〇一九年三．一億瑞士法郎（Swiss Franc）、二〇二〇年受到新冠疫情影響衰退約百分之十，來到二．七九億瑞士法郎（是二〇一九年的百分之九十）、二〇二一年又回復到三．一九億瑞士法郎（是二〇二〇年的百分之一百一十四），顯示出臺灣市場強勁的精品需求。

接下來看看臺灣的精品錶市場。

關於臺灣腕錶的整體國內市場規模（零售額基準），雖然目前沒有經過統計後發表的正確數據，但我推定目前應該擁有四百五十億至五百億新臺幣規模；比起十年前，大致擴大三成，而增加的部分估計幾乎是精品。

從而可以進一步推定，臺灣市場中占據國內整體腕錶市場的精品比例已經從過去百分之七十至七十五，提升到現在約百分之八十。

在高級品牌中，勞力士（ROLEX，瑞士）的市占率和在日本一樣遙遙領先，而百達翡麗（Patek Philippe，瑞士）、愛彼（Audemars Piguet，瑞士）、卡地亞（Cartier，法國）的人氣也相當高。當然，Grand Seiko 的精品腕錶形象也深入臺灣民眾心中。

另一方面，隨著 Garmin 等智慧腕錶品牌普及，過去中階至普及價位腕錶的需求逐漸下滑。

我在 Seiko Watch 時，時常前往腕錶零售現場視察，當時察覺臺灣消費者不僅「對於腕錶擁有高度的興趣與熱情」，而且「對腕錶了解很深，有著強烈的『本物志向派』＊風格」，這讓我印象非常深刻。

「對腕錶了解很深，有著強烈的『本物志向派』風格」，意味著臺灣的消費者「具有鑑賞力，追求更好的事物」，而這也造就了臺灣腕錶市場中精品市場規模擴大的結果，潛在能量大幅提升。

我也接觸過許多臺灣的腕錶精品銷售通路（零售）。

＊譯注：「本物」在日文中是「真貨」的意思，「本物志向派」是近年來一種流行說法，用於稱呼對事物講究、執著，重視真品與高品質，追求有質感的生活方式的一群人。

臺灣的腕錶通路（零售）很多，包括路邊店面、百貨公司、大型商場等；精品腕錶則主要在精品路邊店面和百貨公司的品牌直營店販售。

這是因為每一個精品腕錶品牌都相當重視店面，並且藉此將各自的世界觀與價值內涵直接訴諸於消費者。

以瑞士為中心的全球品牌都在主要國家、地區開設品牌旗艦店。

我在書中也詳細介紹過，我擔任 Seiko Watch 的執行副總裁兼營運長時，透過明確的市場行銷與品牌戰略，推動 Grand Seiko 一步步茁壯成長，臺灣市場也隨之急遽擴大。

SEIKO Watch 的「Grand Seiko Boutique」如今進軍全球，在臺灣也取得積極的進展。二〇二〇年 Grand Seiko 六十週年之際，在臺北最高級大型購物商場臺北１０１、坐落勞力士、歐米茄（Omega）等精品的一樓大廳，開設專屬的旗艦店「Grand Seiko Boutique Taipei」，將 Grand Seiko 的世界觀與價值，直接面向臺灣的消費者。

如同書中所述，Grand Seiko 集結了日本手工最高技藝，細緻且精密的零件幾乎都在日本生產。而且，大多數零件只適用於製作 Grand Seiko，不僅耐久性高，更交由擁有精湛手藝的師傅進行組裝。比起一般的量產腕錶，可說就像完全處在兩個世界的商品。

Grand Seiko 對於自身的高精密度、高品質、高品味感到驕傲的同時，也是消費者眼中優雅、容易閱讀、精確性高、配戴舒適、耐久性高的高級腕錶。而要成就如此優秀的產品，背後自然少不了大量的技術、結構與工藝。其中尤以 Spring Drive（９R機芯）格外吸睛，其動力來源和機械錶一樣，並透過石英錶的水晶震盪器產生正確的訊號來掌控精確度，為 SEIKO 全球獨家速度控制機構。可說是結合機械錶與石英錶兩者優點的混合型腕錶。換句話說，既是擁有高精確度的機械錶，同時也是不需電池或其他動力來源的石英錶。Spring Drive 這款機芯正是匯聚 SEIKO 技藝能量的結晶。精工高級工房中的職人們擁有最高水準的精湛技藝。他們對於自己使用的銼刀和螺絲起子等工具擁有一以貫之的堅持，甚至會自製符合手感的工具。而且，為了盡可能不傷到鐘錶，一天內將工具打磨數次以上。

Grand Seiko 肩負著高精密度、高品質、高品味，又是耐久性高的高級腕錶，廣受「對腕錶了解很深，有著強烈的『本物志向派』風格」，以及「具有鑑賞力，追求更好的事物」的臺灣消費者所喜愛，因而順利推動臺灣市場大幅成長。今後，在目前臺灣以瑞士品牌為中心的腕錶精品市場中，Grand Seiko 將逐步飛躍為備受矚目的高級腕錶。對於這一點，我內心懷抱相當大的期待。

本書的內容不僅僅局限於腕錶產業，無論身處何種行業類別，只要確實擬訂市場戰略，就能成功打造品牌。

臺灣也做得到。讓我們將臺灣的優質商品、服務品牌化，成長為具全球競爭力的品牌吧！

若書中提到的戰略方法能為各位帶來任何啟發，身為作者的我將感到莫大的喜悅。

前言

我在日本的綜合商社三菱商事任職約二十八年，從事國內外的鋼鐵貿易。

當時，我對產業現場（鋼鐵製造商，以及其下游客戶電動車和電機廠商等）進行了近距離的觀察，經常深深讚嘆著日本製造業的高水準，還有那優良的品質。

在那之後將近十三年來，我承蒙 Seiko Watch 這家企業的庇蔭，見識了作為精密製品的腕錶製作現場（工廠、高級工房），並且感受到無窮的魅力。這當中許多精密零件經過加工之後，完成的產品就是腕錶。

尤其在生產高級品牌腕錶的情況下，是由具備高度熟練技術及巧妙手藝的匠人，透過一道一道的手工製程，小心翼翼地將腕錶組裝完成。

於焉誕生的高級品牌腕錶，因而迸發出令人屏息的高度精密品質，甚至可稱之為藝術的小宇宙也不為過。

在日本，不就有許多像這樣擁有高品質的商品嗎？然而在這當中，或許有的商品在市面上乏人問津、未獲世人好評，仍舊沉睡在企業的倉庫中。

另一方面，也許有的商品雖然已在日本市場上獲得了一定的好評，卻並未進軍全球市場，或走向國際化。

我認為，這些都是「令人扼腕的商品」。

在腕錶產業中，以瑞士等歐洲國家為中心的高級品牌腕錶席捲全球。此外，即使在珠寶首飾、皮革配件、時尚等高級品牌產業，也是以歐洲為中心影響全球市場。

相較於歐洲，日本的產品在全球市場的表現仍相對疲軟。

我認為箇中原因在於，日本缺乏像歐洲一樣強而有力的品牌及全球品牌策略。

的確是「令人扼腕」的事。

如果能將日本這許多高品質商品品牌化，一一呈現在日本的消費者面前，除此之外，也讓全世界看見它們，將會是多麼振奮人心的事。

「好商品不一定賣得好。」

這是我常掛在嘴邊的一句話。

無論商品品質再怎麼優良，賣不好的情況也多不勝數。為了向消費大眾販售這些商品，勢必要改變銷售端的做法。因此，必須透過大膽改革市場戰略，將現有的高品質商品澈底品牌化，甚至推向全世界。

在日本，許多具備高品質、高機能的產品，在市場上都主打「功能價值」的品牌形象。然而關鍵在於，如何在既有的功能價值上，賦予其更高的附加價值，也就是「品牌的情感價值」。

所謂「品牌的情感價值」，是讓人們因為擁有這項商品而感到喜悅，並隨之感受到憧憬、自豪、講究等各種情感。

換句話說，要成為讓人們內心感到幸福的品牌（關於品牌的概念，我在書裡會有更詳盡的說明）。

我在這本書中，介紹我在 Seiko Watch 的腕錶事業中執行的企業組織改革，以及品牌成長戰略。

在企業組織改革上，我將「提升 SEIKO 的品牌價值」作為改革方針，轉變公司營運模式，打造出扭轉品牌形象的具體戰略。這期間的執行過程也都寫進了書裡。

而在品牌成長戰略，我將誕生於一九六〇年、五十年來銷售低迷的 SEIKO 高級腕錶品牌 Grand Seiko，在並未改動原本產品的情況下，業績於五年內一口氣成長三倍，並在日本市場中，站上與瑞士等世界高級品牌並駕齊驅的地位。這段品牌國際化的過程，以及諸多市場戰略，也都收錄在這本書裡。

這些具體的戰略，我在書中會以「你的商品也做得到！品牌的十大戰略」等圖表進一步解說。

就算身處不同的產業或行業別，也適用這些方法。

不管從事哪一種工作，商業活動下運作的基本思維是一樣的。可說是一種普遍性的原則。

我之所以會提筆撰寫這本書，是希望幫助那些明明具備高品質水準，卻未能在市面上嶄露頭角的產品或服務，將它們打造出鮮明的品牌形象，並透過市場戰略，朝向國際化發展。

也正因當下新冠肺炎疫情愈發嚴峻，我更想將那些能振奮國人，卻因疫情被埋沒的產品和服務，傳送到世界各地，致力育成引領世界潮流般的一流品牌地位。

這並不僅僅局限於腕錶產業，無論身處何種行業類別，只要確實擬訂市場戰略，就能成功打造品牌。

我認為對於當前的日本來說，擁有愈來愈多能夠在全球脫穎而出的品牌，非常重要。

危機，對於公司、甚至你自己來說，更是絕佳的轉機。

讓「沉睡的好產品、好品牌」就此覺醒、重生，並且繼續成長吧。

本書提到的戰略方法，若能帶給各位任何想法或啟發，身為作者的我都將感到無上的喜悅。

梅本宏彥

二〇二一年三月

- 書中登場人物的職銜和相關名詞，均為當時的稱呼。
- 下列為 SEIKO、Seiko Watch，以及 SEIKO 與 Seiko Watch 國內外相關企業所註冊的商標：
セイコー／ SEIKO ／グランドセイコー／ Grand Seiko ／ Credor ／ Galante ／ Spring Drive ／ Astron ／ Prospex ／ Presage ／ Brightz ／ Lukia ／ Dolce ／ Exceline

序章

五十年銷售低迷的 Grand Seiko，五年內業績快速成長三倍

三大逆風之下，腕錶品牌的業績從谷底回升

我在大學畢業之後，進入綜合商社三菱商事任職，多年來從事國內與國外的鋼鐵貿易業務。

「我要改變自己！」我當年抱著這樣的想法，離開了工作長達二十八年的三菱商事，其後轉職某家族企業，並於二〇〇三年十月進入 Seiko Watch，擔任國內業務本部特販業務部執行部長。

其後，我開始負責國內、海外兩大業務本部的業務和市場行銷，與此同時，我晉升為公司的董事、常務董事，並在擔任海外與國內兩大業務本部部長之後，二〇一一年二月就任 Seiko Watch 位居第二把交椅的職務，代表董事專務執行董事（後為執行副總裁兼營運長），負起公司營運的最高指導責任。

當時，Seiko Watch 的營運狀況相當艱難。

那時雷曼兄弟銀行倒閉引發全球性金融危機，Seiko Watch 整體業績在二〇〇九年度大幅滑落將近四成，並面臨營業利益急遽衰退，腕錶品牌頓時陷入危機，業績也持續低迷不振。

即使到了二〇一〇年，也端不出任何擴大復興的戰略，在市場的嚴峻情勢中停滯不前。

在這樣的情況下，當時的服部真二社長指示我，扛起「讓業績從谷底起死回生」這無比沉重的責任。

當時，Seiko Watch 的主要員工幾乎都是來自服部鐘錶店的元老級成員。服部社長卻在當中，硬是提拔了身為外人的我。

「重新打造 Seiko Watch 的腕錶品牌，使其重生，正是來自外部的你才能提出嶄新的視野，思考並執行新品牌戰略」，我理解並接下了服部社長所賦予的滿懷熱情的使命。

我想對於服部社長而言，這是一個相當重大的決斷。

然而，就在我就任品牌事業最高負責人的隔月，二〇一一年三月，爆發東日本大震災。匯率從二〇〇八年一美元兌一百日圓持續衝擊下來，一直到二〇一一年仍處在年平均匯率約落在一美元兌七十九日圓的超日圓升值＊時期。這種狀況持續到二〇一二年。

東日本大震災深深地影響了日本國內的經濟。

另一方面，當時 Seiko Watch 的主要營業利益來源是海外業務，占整體業績高達一半以上，也在超日圓升值的經濟情勢下大受衝擊。

我身為帶領公司的負責人，在「雷曼風暴」金融危機、「東日本大震災」、「超日圓升值」的三大逆風下，駛入變革的航道。

我很喜歡一句話，那是日本電產董事長（兼CEO）永守重信曾說的：**「即使風不吹，風箏也要飛。」**

當企業處在逆風，也就是諸事不順的逆境時，經營者必須自己讓風箏飛起來。

靠自己起風，奔跑，讓風箏高飛。

全體員工也就此往前奔跑。

＊譯注：在外匯交易市場上，日圓的對外比價猛烈提高。

如此一來，無論企業處在多艱難的情勢下，還是可以提升整體業績。

我很清楚那句話的意義。

而我認為如今正是這樣的時刻。

就在 Seiko Watch 處境最嚴峻的當下，由我帶頭跑，接下來是全體員工一起跑，靠自己起風，讓風箏高飛。

關鍵時刻到來，迎向連續六季成長，達成業績翻倍、營收四倍高點的助跑開始了。

連續六季成長，達成業績翻倍、營收四倍高點

身為公司營運的最高負責人，我認為此刻正是大幅調整公司組織架構的時機點。我強烈感受到，**為了正面迎戰這場席捲而來的巨大風暴，非得澈底改變公司過往的方針、政策，進一步策畫、執行全新的成長戰略不可**。這也表示，我要將自己擔任海外與國內業務本部長時期所思考、推動的策略，在身為公司營運最高負責人這關口，一舉拉抬成為全公司的營運方針。

這個方針就是：**在全世界「提升 SEIKO 的品牌價值」所進行的組織結構大幅變革**。也就是說，將原本中價位至普及價位的產品結構進行大幅調整，成為以高價位至中價位產品為主訴求的組織結構。

而挑起品牌重責大任的，正是五十年來銷售低迷的高級腕錶品牌 Grand Seiko。要讓 Grand Seiko 在專屬的市場戰略中重生、急遽成長，進一步面向國際。

同時推出中價位帶的高級品牌 SEIKO Astron（世界上第一款 GPS 全球定位太陽能腕錶），並進行量產；開拓新市場的機械錶 SEIKO Presage；還有 SEIKO 自豪的運動錶品牌 Prospex，讓這三個品牌推動 SEIKO 成為國際級品牌。

恰恰是這三大逆風，讓我搭上了變革公司組織結構的「順風車」。

而這項新戰略的執行成果，讓 Seiko Watch 業績從二〇〇九年的谷底翻身，並一路攀升達到連續六季成長、業績翻倍、營業利潤四倍的成果，也是 SEIKO 成立以來的最高業績。

品牌重生的關鍵：「十大戰略方法」

Seiko Watch 的腕錶事業就此從谷底重生。

其中的關鍵在於，SEIKO 的高級腕錶品牌 Grand Seiko 不僅重生，業績更急遽成長。

明明仍是原本的產品，業績卻在五年內翻上三倍「第一階段」。

Grand Seiko 是誕生於一九六〇年的高級腕錶品牌，五十年來銷售成績不佳。

然而，它身為高精密度、高品質、高定位的日本國產腕錶，總共擁有三種機芯（腕錶的心臟）。

包括世界最高級的9F石英機芯，另外還有也是世界最高級的9S機械機芯，以及專屬 SEIKO 的獨家驅動結構技術 9R Spring Drive 自動機芯。

Grand Seiko 具有和瑞士等國際高級品牌同等、甚至可說超越其實力的世界最高水準品質，錶盤清晰準確、整體舒適貼合手腕的高級鐘錶。在高品質的要求上，無論是 Seiko Watch 的員工、負責生產的兩家製造商（精工愛普生〔SEIKO EPSON〕、精工半導體〔SII〕），都有著相當高的自信。

事實上，和我們往來的高級精品店客戶對於 Grand Seiko 的品質，也給出了極高的評價。

明明是如此優秀的腕錶，**為什麼這五十年來都賣不好呢？**

果然是一頭「沉睡的獅子」。

而我深深地相信，**「只要改變銷售方式，絕對會成為強大的戰力！」**

「要在日本，甚至全球市場一決勝負，毋庸置疑就是 Grand Seiko！」

下定決心的我，開始擘畫提升 Grand Seiko 銷售業績的成長藍圖。

通路（銷售地點）、製造、業務、廣宣、品牌……換言之，所有的戰略都要煥然一新，並以當機立斷的意志力一一付諸實行。

要完整描繪這幅成長藍圖，重大的啟發正是來自於 Seiko Watch 的員工，以及製造商原本就掌握的資訊，還有零售店客戶在現場第一手的觀察。我將這些資訊與回饋視為改革的基礎，開始規畫 Grand Seiko 的成長戰略。

執行結果如何呢？

明明還是原本的商品，業績卻在五年內大翻三倍。

這頭沉睡的獅子終於醒了。

在「雷曼風暴」「東日本大震災」「超日圓升值」的三大逆風下，Grand Seiko 透過成長戰略，歷經長期奮戰，最終確立了一流高級腕錶品牌的地位。

但是，如何才能擬訂出這樣的戰略？

其間自然有很多訣竅。以下要介紹的**十大戰略方法**，你也能運用在你的個人事業上。

十大戰略方法

1 「三個現場」是你的老師（↓參照六〇頁）

「公司內部、銷售、製造」這三個現場，能夠為你帶來經營事業上的啟發。「三個現場」正是資訊的寶庫。

2 首先要讓客戶賺錢（↓參照九五頁）

先讓客戶賺錢，才是擴大公司業績與利益的捷徑。

3 大逆風是變革的時機（↓參照一二六頁）

大逆風正是你調整組織架構絕佳的機會。

4 盤點公司的經營資源（↓參照一三五頁）

公司的「優勢」與「弱點」是什麼？

有效運用「優勢」，將「弱點」視為待解決的課題，就是事業成功的祕訣。

5 打造出展現企業精神的品牌（↓參照一三七頁）

從一開始就以國際化的視野形塑自家品牌形象。

6 並不是所有的商品都要賺錢（↓參照一五六頁）

以商品來說，可以區分成三種角色：

①支撐業績、獲利的商品

②收支平衡的商品

③具宣傳效果、測試市場的商品

7 好產品不見得會賣（↓參照一六九頁）

就算是再好的產品，也不一定賣得好。

以五十年來銷售低迷的 Grand Seiko 來說，儘管產品本質沒變，只要改變銷售方式，就能在短短五年躍增三倍業績。
關鍵在於如何擬訂並執行銷售戰略。

8「潛在需求顧客」是隱形的大量需求市場（↓參照一八〇頁）
目標顧客分成兩種需求層次：
「既有需求顧客」和「潛在需求顧客」。

9打造成功案例（↓參照二二四頁）
首先必須推出成功案例。
有了成功案例，顧客就會接連上門。

10品牌形塑的兩個階段（↓參照二三五頁）
第一階段　認知的價值（商品的高品質和高性能）
第二階段　情感的價值（情緒上的共感：嚮往、自豪、紀念、為人羨慕）

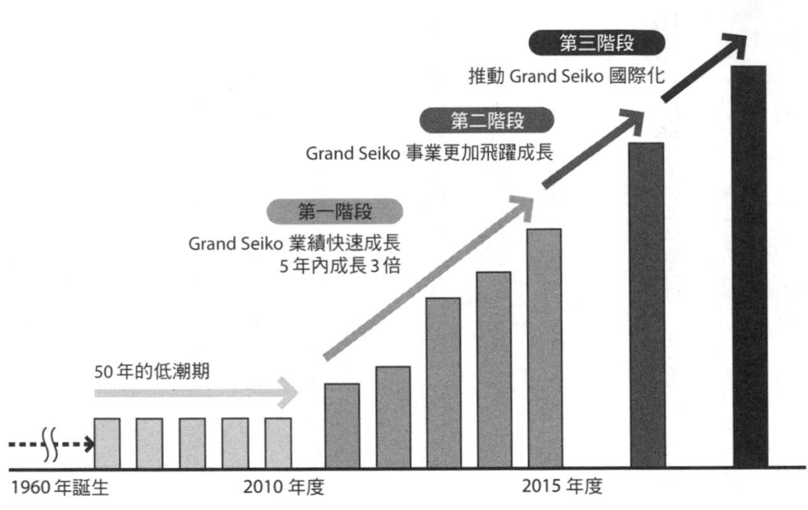

成功擺脫五十年來的低潮，Grand Seiko 的業績在五年內直翻三倍，我將這個階段擺在成長戰略中**「第一階段」**的位置。

然而，Grand Seiko 的成長並非就此止步。

在**「第二階段」**，正式參戰一百萬日圓以上的精品市場，並進一步開發、擴大女性市場，取得更進一步的飛躍成長。

接下來是**「第三階段」**，以日本高級品牌腕錶之姿正式進軍海外市場，積極打造國際級品牌形象。

如此一來，**Grand Seiko 不僅擺脫**

長期以來業績低迷不振的危機，也同時「確立一流品牌地位」，一舉成長為迎戰世界的高級品牌腕錶。

締造出這般成績的幕後功臣正是這十大戰略方法。

至於我們應該如何擬訂成功的戰略方法，接下來在本書為各位介紹。

你也可以變身為品牌事業戰略的領導者

達成大幅提振業績的目標，開始推動腕錶品牌國際化之後，二〇一六年，我從 Seiko Watch 的執行副總裁兼營運長卸任，現以獨立的「品牌事業戰略管理人」身分活躍於企業界。

所謂的管理人，就是指揮家。

首先，**確認自己的現場，盤點其中所有的材料（資訊），整理、分析自家公司的「優勢」與「弱點（待解決的課題）」，進而擬訂業務方針與戰略，接著一心一意扮演好指揮家的角色，讓公司內部與外部合作對象共同執行，做出成果，這就是品牌事業戰略管理人的任務。**

以 Grand Seiko 這個具體案例來說，我擬訂戰略的前提，受到包括從 Seiko Watch 員工和製造商所得來的資訊，以及客戶（零售商）現場回饋的啟發。

我將那些資訊和回饋徹底整理、分析之後，才得出如何銷售 Grand Seiko 的戰略。而要確實執行這項戰略，也和員工、製造商以及客戶息息相關，因此所有人都是這個成果的推手。

無論你待在哪一種產業，擬訂商業戰略所需的材料舉凡資訊或各種觀察回饋，都存在於你接觸的三個現場（公司內部、銷售、製造）之中。

只要找出這些材料，加以整理、分析、改良，就可以擬訂出優秀的戰略。這也是身為領導者的你所肩負的角色。

而對於領導者來說更重要的，就是在執行戰略時，讓公司內外所有人共同參與。也就是說，你正是事業經營的指揮家，並透過你的統籌，讓所有人邁向成功的演出。

你也可以成為品牌事業戰略的管理人。

我將在接下來的章節中，陸續詳細介紹擬訂商業戰略的方法。

第一章

成功的法則：掌握三個現場

五十歲後的轉職

我在二〇〇三年十月轉換跑道，進入Seiko Watch任職。這是我五十歲後轉職人生的起跑點。

以轉職來說，尤其是過了中年的轉職者，身上會背負著獨特的壓力。由於已經不是職場菜鳥或年輕員工了，一定要端出成績才行。在之前的公司，只要按部就班工作，職銜和薪水還是有提升的機會，我既然主動放棄了這樣的機會，如今怎能輕易退縮。

一開始，我想先談談進入Seiko Watch之前的事。這是因為我前一份工作的經驗，也在日後奠下了我在Seiko Watch擬訂成長戰略的基礎。

我自大學畢業之後，就進入三菱商事東京總部任職，在這之後二十八年來，一直從事鋼鐵進出口貿易與國內相關業務。

這當中兩度外派泰國，前後待了約九年，第二次是調職日、泰合營的鋼鐵製品加工公司（工廠），也曾在岡山縣倉敷市水島的三菱電動車SCM本部從事鋼材銷售，擁有相當豐富的「現場」業務經驗。

而我素來自居從基層一路打拚上來，四十七歲時從三百名同期高階員工中脫穎而出，成為三菱商事的部長。

我當時完全沒想過，在三菱商事的這些「現場」（公司內部、銷售、採購、製造、工廠）經驗，將成為我日後跨入另一個產業，也就是Seiko Watch的腕錶事業，使其重生騰飛的關鍵。

如果繼續留在三菱商事，或許可以就此走完今後安穩的職涯。但人生只有一次，自己的人生唯有自己能改變，嘗試挑戰截然不同的人生吧！我抱著這樣的想法，決定離開三菱商事。我在這家公司學習到很多，並累積起豐富的經驗，我至今仍相當感謝三菱商事。

接下來，我進入安全衛生防護具的業界龍頭Midori Anzen，在從事無塵室和防靜電商品製造、採購、銷售業務的無塵靜電部，擔任起部長的職務。我在無塵室的知識和經驗可說是從零開始，對於靜電的知識也毫無所悉，然而我在一年之內，就讓這個部門的業績大幅提升。

我為什麼做得到？

這要歸功於，我們將在後面談到的「三個現場」。

啟發我在思考、執行部門戰略上的因素包括：Midori Anzen 的部門成員與其他部門員工擁有的知識與情報，加上客戶端（半導體、液晶製程用化學品相關）來自現場的觀察。這些資訊和回饋都是我思考部門戰略的基礎。

公司的創辦人松村元子會長和松村不二夫社長，也著實給予我許多磨練與指導。

就在我一年內達成大幅提升部門業績的任務之後，我被拔擢為執行董事。

有一天，我讀到了一則新聞報導。報導指出當時 SEIKO PRECISION 的服部真二社長，即將就任 Seiko Watch 董事長。

服部社長是我在三菱商事鋼鐵輸出部門時，晚我一年的後輩。過去在工作上並沒有直接接觸的機會，也只在我第一次外派泰國前兩年，待過同一個辦公室，彼此的關係要說起來，頂多就是二十多歲菜鳥時期點頭之交的程度。

我讀了那篇報導之後，決定前往拜訪服部社長，向他推廣 Midori Anzen 的產品。這也是我們睽違二十五年的會面。之後我們又見了好幾次面，服部社長也正式就任 Seiko Watch 董事長，於是在因緣際會下，我再次轉換跑道，進入 Seiko Watch。我待在 Midori Anzen 的最後一天，直到深夜，都還在和松村會長商談公司的未來發展，最後能夠圓滿交接退職，對此我至今仍歷歷在目，恍如昨天的事情一般。

轉換跑道，實力主義

於是，我在二〇〇三年十月正式進入 Seiko Watch。

剛進公司時，要前往總管理部，聽取負責人員針對新進員工的說明，這包括 Seiko Watch 人事制度上的課長職。

當時，總管理部的常務董事說的話，我至今仍記憶猶新：

「Seiko Watch 標榜的是實力主義。」

這也表示，就算我是透過服部社長介紹進公司，也不在公司評核的考量之內。但這正是「我想看見的」。而此時，我也再一次深深感受到中年轉職的嚴峻，並下定決心：

「一定要拿出成績！」

首當其衝的任務就是，讓這家公司成為一流的公司。

分派到不賺錢的事業單位：將課題變寶藏

接下來要向各位介紹，原本對鐘錶一無所知的我，在加入 Seiko Watch 之後，持續運用十大戰略方法大幅提升業績的過程。

進公司之後，我最初分派到的是國內業務本部的特殊單位特販業務部，職銜為執行部長。

新官上任三把火，我立刻投入特販業務部的工作。幾天之後，部門所有的員工為我辦了一場迎新會。

就在我和大夥喝得酒酣耳熱之際，部門裡一位員工私下走來低聲問我：

「梅本部長，為什麼您會來這個部門？在國內業務本部中，我們部門的業務性質本身比較特殊，業績少，盈虧計算也相當嚴格。」

我當下沒有立刻領悟他的意思，日後就慢慢理解了。

Seiko Watch 的國內業務本部中，除了特販業務部，其他業務部門都擁有相互對應的通路（零售商）。

也就是說，從百貨商場、零售店到量販店業務部等等，每個銷售通路都有對應負責的部門。

在那些業務單位中，高價位帶商品的 Credor 就在全國 Credor 特約商店販售，Grand Seiko 則在全國的百貨商場與專門店等通路販售，此外，也販售中價位帶商品，包括 Dolce、Exceline、Brightz、Lukia、Prospex，以及其他普及價位帶與低價位帶產品。

然而在當時，我所分發的特販業務部只由以下兩種業務來支撐。

第一種是專屬客訂錶款的企畫、製造、販售。

所謂客訂錶款，例如因特殊活動分送的廣宣品，在銷售單價上也比較親民。

雖然一次就能生產並賣出幾千、幾萬支，但是我進公司時，客訂腕錶整體的詢價與下訂情況已經比往年減少許多。

雖說如此，偶爾還是能接到特定企業高單價腕錶的大型客訂單。

另一種是以首都圈為中心，來自百貨商場的外商專案。

舉例來說，用在企業表彰永年勤續或紀念退職員工的贈品（高價位帶產品則有 Grand Seiko），會在 SEIKO 品牌腕錶的後蓋刻上「勤續〇〇週年紀念」等字樣，這部分會視企業需求而定，不過前來洽詢的企業與訂單也是每況愈下。

我進入特販業務部擔任執行部長約兩個半月以來，為了掌握部門的日常運作，不僅僅局限於部長的職責，連所有員工手邊正在執行的業務內容，我也會澈底了解清楚。

此外，我向國內業務本部的其他部門同仁，以至公司內不同部門成員一一請益；與此同時，我也和負責製造的師傅交流，從中獲得相當多的資訊。

透過這樣的方式，我逐漸掌握特販業務部的業務內涵。

接著，我忍不住開始思考：「真的是待解決課題相當多的部門啊！」

但其實這對我來說反倒值得慶幸。

因為「課題，正是埋有寶藏的山」。

這句話也是我的座右銘。

對於剛進公司的我，分派到特販業務部有哪些優點呢？

第一個優點，我一口氣（從頭到尾）學習到了腕錶的企畫、設計、製造到銷售所有流程。

在 Seiko Watch，一般來說品牌腕錶的新產品製作，從企畫、設計、製造到銷售，每一道流程與工序依次進行。

首先，產品企畫團隊會進行新產品的企畫與設計發想，並與兩家製造商（精工愛普生〔SEIKO EPSON〕、精工半導體〔SII〕）開會討論後，再行拍板新產品。其次，行銷團隊會定位廣宣內容，將新產品提供國內各業務部負責的通路（零售商）銷售。

在國外業務上，產品會出口到國外 Seiko Watch 的當地法人和經銷商。因此在國外除了少部分由 SEIKO 直營的商店，並沒有其他零售商通路。

另一方面，在特販業務部的專屬客訂錶款，為了打造每一個專案錶款，前面所提到的各項作業，全都由同一個單位完成。

首先，是聽取客戶對於客訂錶款的期待與想法，由特販業務部展開企畫並發想設計，隨後與製造商開會討論，再向客戶提報產品的規格與價格，確認下訂後，即可進行製造生產，最後完成交貨。

因為所有流程都在同一個部門完成，對我這樣的鐘錶新手而言，正是澈底熟悉腕錶完整製程的絕佳管道。

如果我一開始就被分派到一般的業務部門，學習起來想必要花上更多時間。

第二個優點在於，這個部門不僅被視為國內業務本部裡的特殊單位，從業務收益來看，也是業務部門的一大包袱。

或許你會覺得奇怪，既然如此，為何我還認為這是優點。其實這就是改變想法的開始。

無論待在哪一家公司、任職於哪一個單位，都有需要面對的課題。

為什麼業績就是沒有起色？

這個部門所面臨的問題到底是什麼，我目前還無法掌握。

如果問題已經很明顯了，倒是正中下懷，只要解決了那個問題，就能一鼓作氣推動業務、提升業績。

既然特販業務部擁有堆積如山的課題，在我眼中，就是我接下來要進攻發掘的巨大寶山。

所以，如果你是因為待在收支赤字的單位，苦無發揮餘地，事業停滯不前，而就此怨天尤地的人，請試著改變你的想法：其實你很幸運。

擁有課題的你，正待在藏有寶藏的崗位上。

Point

課題，就是下一個藏有商業機會的寶山！

產品、業界知識從零開始：從「三個現場」蒐集情報

老實說，我在進入 Seiko Watch 之前，對於腕錶絲毫不感興趣。

正確來說，是對所謂的品牌腕錶沒興趣，只是為了看時間才戴手錶。戴的也是由 SEIKO 和別家公司共同製造、僅數萬日圓的石英錶。

產品知識零、業界知識零，而且對於品牌腕錶一無所知的我，進公司之後，承蒙許多優秀的老師指導。

這些老師就是「三個現場」。

首先，和各位談談特販業務部的「三個現場」。

戰略方法❶

「三個現場」是你的老師

「公司內部、銷售、製造」這三個現場，能夠為你帶來經營事業上的啟發。「三個現場」正是資訊的寶庫。

第一個現場是公司內部。公司內部的部屬、同儕和前輩，都是我的老師。

我進入公司沒多久，共事的都是部門員工，每天只能不斷來回追問、請益工作上遇到的疑問。例如以下這些問題：

「品牌產品的企畫、設計是怎麼定案的？

還有，定價和零售價要怎麼決定？」

「專屬客訂腕錶有新客戶詢價的話，發起企畫和設計的流程為何？

如何決定最低訂製數量？」

「特販業務部門業績不振。

在目前支撐業績的兩大業務中，你最感到困擾的是什麼？

你認為問題在哪裡？

此外，如果要你發展現有兩大業務以外的新業務，你想做什麼？」

最後是我內心最大的疑問：

「Seiko Watch 的通路，真的是方便消費者購買的管道嗎？」

SEIKO 的腕錶在各家零售店都有販賣。

但那僅限於這些店家開店的時候。

店鋪休息時，也就是晚上，如果顧客想購買腕錶要去哪裡買呢？

Seiko Watch 不需要提供消費者二十四小時的「通路」嗎？

我是剛轉換跑道，還搞不清楚狀況的腕錶菜鳥。

所幸公司內部的人際互動暢通，大家很親切地給予我各式各樣的指導，並和我分享實際的內部情況，有正面的評價，也有許多亟待解決的課題與狀況。舉例來說：

「我們雖然上呈了許多創意提案，

公司卻無論如何都不接受這些新想法……」

有員工發出了這樣的感嘆。

我感覺自己從中獲得了極大的勇氣。

因為我已逐漸了解部門員工正處在什麼樣的困境，並且面臨到哪些問題。現下，只亟待找出解決的方法。

我不只向自己的部門請益，隔壁的部門、以及再隔壁的部門，我向很多同事請教了許許多多的問題。**公司內部就是情報的寶庫，而我正是在挖寶。**

第二個現場是銷售（零售商、消費者）。

以特販業務部來說，如前文提到的，如果不是與零售商直接往來的銷售單位，幾乎沒有與零售商或消費者直接對話的機會。

只有在專屬客訂錶款的商談場合上聽到以下問題：

「貴公司的報價有點高，有調整的空間嗎？」

「交貨時間能再提前嗎？」

「最小批量＊不能再少一點嗎？」

企業或外商常像這樣，天外飛來好幾筆要求，我聽完這些要求之後也瞬即恍然大悟。客戶通常會傳達出自己想販賣、或想便宜購入的要求，而這點醒了我，這一點正是特販業務部亟待改善的課題。

第三個現場是製造（製造商、協力廠商）。

Seiko Watch 的鐘錶是由精工愛普生（SEIKO EPSON）、精工半導體（SII）所製造，在專屬客訂錶款上也有協力的製造廠商（工廠）。

＊譯注：一般來說，由於供貨商須承擔所有製程費用，為了確保利潤與設備充分利用，往往會要求採購方購買一個最小批量。

我剛進公司時，就立刻前往製造商和協力廠商的工廠參訪。

我過去從事鋼鐵相關業務，在倉敷市水島任職時，也曾頻繁拜訪鋼鐵廠商的製鐵所。即使現在待在截然不同的產業，也很清楚去現場之一的工廠走動，是業務上相當重要的環節。因為掌握製造產品的工廠內部運作，有助於擬訂市場行銷和銷售戰略。一進公司就直接參訪工廠，對我來說可是絕佳的機會。

在此來談談，我為了特販業務部的專案造訪協力廠商工廠的事。我在那裡，聽到現場負責人這麼說：

「雖能理解為了爭取更多訂單，希望調降單價。但是這些零散的訂單反而導致製作效率變差，單價也降不下來。不能稍微集中訂單的批量嗎？」

「工廠一旦持續接受短交期的訂單，容易因緊急生產狀態而導致整體效率低落。希望將遵守既定的生產週期，視為下訂單的基本原則。」

至此我明白了。即便沒辦法完全回應客戶的要求，但若之後盡可能協調工廠這方的想法，就能降低製造單價，再回過頭來增加客戶的下訂量，進一步反饋特販業務部的業績與利潤。

此外，協力廠商的工廠負責人也這麼對我說：

「裝載全新等級機芯（如腕錶心臟的驅動零件）的新產品生產線目前正等待上線，卻還無法提供預計的下訂量，銷售方的 Seiko Watch 能否想點辦法？」

負責人一席話，就是我接下來要談的商業機會。

雖然當時我沒辦法馬上回應他，他的話卻深深印在了我的腦海裡。

直到我以常務董事身分擔任董事長一職後，才終於實現這個約定。

現場人員擁有許多豐富的情報，我會盡可能頻繁前往他們所在的基層，向他們請教各種珍貴的資訊。

蒐集而來的情報當中，就有能夠讓不賺錢的特販業務部由虧轉盈的重要線索。**成功的法則就在這三個現場之中。**

Point

公司內部、銷售端的零售商，以及製造商和協力廠商（工廠）的現場工作人員，擁有大量的有力情報。

這些情報當中，隱含許多邁向成功的線索！

自己確認現場，把來自製造商等的課題、疑問、業務訊息等情報，進一步整理、分析，磨出自己的事業戰略。

這就是我開展事業的方法。

掌握重要的情報、建立戰略之後，接下來只需當機立斷，承擔風險執行戰略。當然，在承擔風險的情況下，重要的是事先確認風險的最大規模與範圍。

換句話說，在執行可能不如預期的風險下，要先決定所能承受的最大限度損失。

同時，執行時也需要遵循公司內部流程。

情報像河川一樣在三個現場中流動。在這條河當中，能獲取哪些情報，又如何取

捨，關乎一定程度的靈感與感性。

靈感、感性並不是技術性事項，也非一朝一夕就能學習而來的。

這是我從年輕時，將公司交付下來的工作視為眼前第一要務，在任務中絞盡腦汁之際，一點一滴了然於胸的體悟與感受。

唯有把自己丟進池裡，拚命在水中划水，才能學會游泳。

我在進入 Seiko Watch 後分派的單位中，透過三個現場學習到許許多多的事。我想如果自己一開始就分去業績順風順水的單位，恐怕對這些事仍一無所知。

Point

將三個現場中所掌握的情報進行整理與分析很重要。要想讓這些情報變得有用，必須磨練你的靈感、感性。

為了磨練自己，你要傾注所有努力，對於眼前的任務全力以赴。

獲利宣言：決定部門的「三個方針」

進公司兩個半月後的二〇〇四年一月起，我就任特販業務部的部長。

新年伊始，首要的工作通常是以年節問候互動為主，我選在那一天召開部門會議，向全體員工傳達這新的一年部門的營運方針。

我向大家說明，為了讓不賺錢的特販業務部成為賺錢的部門，接下來在營運上必須馬上著手執行「三個方針」。

也是我在員工面前正式宣告的「獲利宣言」。

獲利宣言的「三個方針」

1 將工作進行分類

區分出當前該執行的工作，以及不做也沒關係的工作。部門主管要對員工做出具體明確的指示。改變員工的工作模式。

2 設定新商業模式

著手規畫當時國內業務本部仍視為毒蛇猛獸的網路事業，醞釀部門業績的第三支柱。

3 當機立斷，提升員工的工作效率

部門負責人對所有專案都要當機立斷。該去做的就不要拖泥帶水，無論結果好壞，責任由部長扛起。一旦做出成績，員工才會進而追隨，並燃起士氣。

對於才剛進公司就冷不防拋出獲利宣言的新部長，每個員工都一臉「認真的嗎？」吃驚地看著我。

然而，就我來看，我有把握一定能成功。

這是因為我進公司兩個半月以來，不僅向公司內部的部門員工與其他單位同仁請益甚多，也向客戶及製造商、協力廠商等人談及各式各樣的改善策略，廣蒐獲利的情報與問題癥結，並從中發想擬訂了戰略。

一年之後，特販業務部成功地華麗轉身，搖身一變成為獲利的部門。

隨後更以「賺錢的事業單位」之姿，躍居為足以貢獻國內業務本部業績的團隊不斷成長。

我後面將針對這三個方針具體說明。

成本意識的改革：方針①──將工作內容進行分類

三個方針中首當其衝的就是**「將工作內容進行分類」**。

我剛進公司時，特販業務部總共有二十多名員工。我觀察員工們大多各自埋首於自己的專案，執行業務上並不會特別考量成本。因此長期下來，積累了龐大的費用支出。這也在某種意義上顯示出，特販業務部執行的工作項目中，存在無用的業務。

特販業務部的工作項目，包括專屬客訂腕錶的企畫、設計、製造、販賣，以及來自百貨商場的外商訂單。也就是說，每一個都是各自獨立的專案。

部門中所有員工都相當認真，也十分謹慎看待手頭的專案。而且不只專案，每一件專案中的每一項企畫、設計都是從零開始，由企畫專員和專業設計師構思設計圖，一張就要花費數萬圓。

如此一來，幾乎所有專案支出像這樣一項一項累積，光是和訂單相關的專案，大部分開銷早已超出預算。

關於這樣的工作模式，我進公司兩個半月以來，已經從部門成員身上掌握實際狀況。

之所以提出「將工作內容進行分類」的新方針，就是為了改變員工的成本觀念。我的做法是，首先將目前正在進行的專案統統列出來，由部門課長將這些專案分門別類，應該要執行的、抑或不需執行的一一檢討，再給予部屬指示。

要讓部門成員知道，應該執行的專案就當機立斷迅速推展；另一方面，不被看好的專案則就此擱置也無妨。

儘管乍聽之下理所當然，無論在哪裡卻都存在著同樣的問題，就像特販業務部，只是在此之前沒人察覺到。

提供顧客「二十四小時都買得到的通路」：方針②
——成立新商業模式

作為新營運的事業，網路業務正式啟動。

現在大家視經營網路事業為理所當然，然而，在當時的 Seiko Watch，尤其是我隸屬的國內業務本部，卻將其視為毒蛇猛獸般噤聲不提。

在腕錶的網路業務，當時已經有特定業者從腕錶製造商進貨，在 Yahoo! 或樂天的平臺上販售。

有一次，特販業務部的部屬對我說：

「明明全世界正掀起網際網路的浪潮，我們公司卻依舊不允許推展網路業務。」

我詢問他箇中的原因，他接著說：

「Seiko Watch 在服部鐘錶店的時代，長年和全國零售商往來，由這些零售商採購，在商場陳列腕錶販售。各式各樣的鐘錶商也都在限定的銷售區域進行交易。然而網路銷售不同，只要採購進貨就能在全國各地進行交易，公司擔心因此影響零售商的業務，造成競爭狀態。」

當時網路不比現在普及，一般人並不熟悉，因此公司內部對於網路事業仍相當抗拒。

不過對我來說，Seiko Watch 以腕錶事業為主，唯一的使命應當是隨時隨地提供消費者品質優良的腕錶，剛進公司時的疑問此時也浮現腦海：Seiko Watch 的通路，真的是方便消費者購買的管道嗎？我心想，必須將提供消費者「二十四小時的購買通路」納為亟待推展的計畫之一。

「接下來網路時代將正式到來，我們應該要參與其中。」

說完後，我隨即指示那位負責同仁著手規畫。

即便如此，公司內部對於在網路平臺上買賣相當抗拒，遲遲無法跨出第一步。那位負責同仁稍微看了看四周又說：

「話是這麼說沒錯，但是國內業務同仁中還是有很多人反對。」

於是我再次鼓勵他：

「放手做吧！只是，一定要交出成績。」

回想起來，這是轉換跑道、中途進入Seiko Watch的我，最初做出的重大決定。當然推動過程中依然要遵循公司內部規定，說服相關同仁，並獲得書面許可。我很清楚，這是身為公司的一員絕不能輕忽的流程。

從零開始的網路業務，業績一口氣大幅成長。

提供消費者二十四小時都買得到的通路，這個想法獲得腕錶消費者的肯定。

在這之後，一如當初的方針，網路業務成為特販業務部的第三大業績支柱，如今不僅在特販業務部的業績、利潤上，扮演起關鍵的角色，並逐漸成長為對國內業務本部整體業績貢獻良多的事業。**特販業務部不一樣了。**

包含負責實際執行的同仁及部門其他成員在內，歷經成立新業務後的急遽成長，並體會到所產生的巨大反響。

如今，他們的眼神明顯充滿了自信。

Point

新業務的開展與發想要從員工開始，做出決斷與承擔責任則是上司的工作。

也要確實遵循公司內部的規定。

僅僅一年就獲利：方針③
——當機立斷，提升員工的工作效率

削減成本並提升業務效率，不僅可以加速提升新型態網路業務的業績，**特販業務部的業績也在一年內大幅攀升。**

與此同時，一個不賺錢的部門也由虧轉盈，搖身一變成為賺錢的事業單位。原本是鐘錶新手的我，中途加入公司後所擬訂的戰略就此奏效。

讓我比什麼都高興的是，員工**嘗到成功的滋味之後，幹勁全部出來了，滿懷熱情賣力工作。好的循環開始。**

我不禁心想，一開始能分派到特販業務部真是太好了。不僅僅是腕錶的銷售，在這裡還同時學習到企畫、設計、製造和銷售等一連串工序流程，是個讓我扎下了基本功的優秀部門。而原本堆積成山的課題，事實證明的確是一座寶山。

特販業務部是我在 Seiko Watch 的原點。

我對於當時支持我的特販業務部夥伴們，以及製造商、協力廠商，抱持著深深的感謝。

Point

成功的經驗，是點燃員工幹勁最有效的方法。

我從擔任三菱商事的管理階層時代起，就有個念茲在茲的原則。

那就是，當機立斷。身為管理階層，切忌拖延決策。

這在**員工的時間管理也相當重要**。

舉例來說，員工前來求助或討論時，「就這麼辦」「這件事先緩著點」「我知道了，你繼續做下去」，像這樣**當機立斷**對員工做出決策。

若是我權責範圍內無法決定的專案，我也會答覆員工：「我了解了，會盡快向上頭確認，隨後回覆你。」

最差的狀況是，和員工面談時不做任何回應，過了很長一段時間也做不出決策，問題就此束諸高閣。

不回答問題，也不下達指令，光是讓員工在一旁乾等，這正是在剝奪員工寶貴的工作時間。

當機立斷做出決策，讓員工當下就進入下一個工作階段。

還有一個原則，我過去任職三菱商事時也會隨時提醒自己。

那就是開會要盡可能簡短，也就是十五至三十分鐘、速戰速決的短會。

雖然公司內部還是有其他重要會議（董事會、常務會、本部會等等），但在這些會議之外，盡可能開短會就好。

我不想浪費員工的時間。

因為**員工的時間管理也是上司的分內職責。**

Point

當機立斷，員工的時間管理也是上司的責任。

晉升成為四個業務部門的負責人

我在特販業務部的績效廣受肯定，之後晉升為特販業務部長兼任國內業務本部副本部長。

此時包含特販業務部在內，還需扛起統籌量販店業務部等其他三個業務部的業績。而幾乎在同一時期，我成為公司的董事，工作一口氣變得沉重許多。

與此同時，我接下了推動包含Grand Seiko在內的高價位帶商品，以及國內品牌事業的任務。

此時，我也掌握了腕錶業界各方面運作的環節。

在此想稍微談一下鐘錶的基本知識。

基本上，鐘錶主要是靠上緊發條儲蓄能量，再釋放動能啟動鐘錶的走時功能。

瑞士腕錶的出口金額成果（單位：億瑞士法郎）

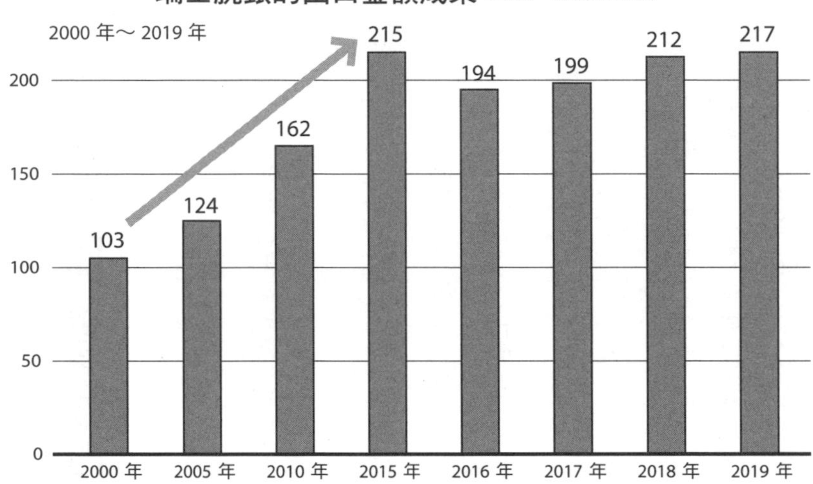

出處：參考 Federation of the Swiss watch Industry FH 的 HP 等資料由作者製表

一九六九年，SEIKO 發表了世界第一款石英錶「Quartz Astron」，號稱「帶給你正確的時間」，SEIKO 這個品牌正式在國際上打響名號。

然而在那之後，卻是由瑞士等國際級腕錶一馬當先，在世界確立了高級機械錶品牌的地位。如今是再次運用「品牌戰略」的時機了。

現在也是如此，我剛進公司時，瑞士等國際級腕錶不僅領先全球市場，也強勢挺進日本國內的市占率。尤其是瑞士高級品牌腕錶的銷售額，於二〇〇〇年進入日本市場之後便呈高度成長，二〇一五年的出口金額更比二〇〇〇年多達兩倍以上。

當時，Seiko Watch 在國內業績與利潤的主力是 Dolce、Exceline、Brightz、Lukia、Prospex 等中價位帶至普及價位帶商品；普及價位帶至低價位帶商品在業績與利潤上則是勉強達標。

順帶一提，當時 Seiko Watch 的國內業務部和海外業務部雖同屬一家公司，但在實際運作上，包括產品企畫、市場行銷、業務、宣傳等皆各行其事。明明同樣打著「SEIKO」的招牌，國內外卻銷售不一樣的產品。

特別是出口海外的產品，業績與利潤的主力雖和國內一樣多為中價位帶至普及價位帶產品，但相較起來，海外業務在普及價位帶產品的占比更大。

在這當中，Seiko Watch 的高價位帶商品雖然有一九六〇年誕生的 Grand Seiko、一九七四年誕生的 SEIKO 高級奢華腕錶 Credor，銷售上卻是持續苦撐。

Grand Seiko 是五十年來業績低迷，而 Credor 長期以來也處在銷售不振的狀態。

Grand Seiko 和 Credor 這些高價位帶產品，除了少量出口海外之外，幾乎都只在日本國內市場販售。

在整體業績低迷的情況下，不僅僅是 Seiko Watch 母公司本身，兩家製造商在收支盈虧上也面臨相當嚴峻的處境。

因此，如何推動這兩種高價位帶產品的銷售，尤其是 Grand Seiko，成為當時 Seiko Watch 不得不面對的巨大課題。

站上舞臺：打破現狀的提示就在現場

即便我的職位改變，依舊時常充滿活力地往返現場。

有一天，我在 SEIKO 腕錶的百貨專櫃上發現了一個現象。

在高級百貨公司或精品店，店員會將瑞士等國外高級品牌腕錶陳列在最好的位置。

然而，在 SEIKO 的專櫃，和以前相比，Credor 仍保持一定的陳列空間，可是 Grand Seiko 雖然也陳列在店頭（展示櫥窗），卻和 SEIKO 的一般錶款放在一起，而且和其他國產商品並排陳列。

好的產品要陳列在好的位置，才能讓消費者記住。相較之下，以瑞士為首的國外高級品牌腕錶，都陳列在相當好的銷售位置。

當時我不禁想，**將高級品牌腕錶陳列在店頭的最佳位置很重要**，如果能改善 Seiko Watch 高價位帶商品的陳列位置，尤其在 Grand Seiko 的業績上，應該有更進一步提升的空間。

但那時我還沒構思出從市場戰略角度出發、擴點全國的「SEIKO Premium Watch Salon」。

直到我後來擔任國內業務本部長及執行專務董事時，才進一步實現這個構想。

第二章

讓誰賺錢？如何賺錢？

委任令，東亞業務本部長：立刻深入現場

身為國內業務本部長兼特販業務部長，全心投入國內業務營運的我，在十二月下旬的某一天，突然接到下一個職務的委任令。

一個月後的二〇〇五年一月，中國、韓國、臺灣的業務從海外業務本部畫分出來，為了聚焦強化這三個國家的行銷與營運，成立新部門東亞業務本部，由我出任業務本部長。

當時海外業務的主力市場雖然還是以歐美為主，但公司為了將銷售觸角延伸至成長中的亞洲市場，首當其衝就要打入東亞這三個國家的市場。

我在三菱商事時，長年從事中國、亞洲等國的出口業務，這正是我熟悉的領域。我對於這項新任務滿懷期待。

我就任本部長之後，隨即帶著底下幾位部長，前往這三個國家出差，拜訪韓國的經銷商，以及臺灣、中國的當地法人。

儘管日本國內外或各國市場有所差異，工作的基本原則都是一樣的。

沒錯，首要的任務是**掌握「現場」，從「現場」學習**。

於是，我向當地經銷商以及當地法人的社長、銷售負責人，針對市場現況和待解決的課題一一請教。接下來則是參訪當地的銷售通路，將得來的各種資訊與回饋作為基礎，規畫出適合不同國家的戰略，並當機立斷著手執行。

Point

就算大顯身手的地點移至海外，擬訂戰略的基本原則依舊不變。

韓國：比起自家公司，更重視客戶的「獲利」

首先從韓國談起。

韓國有獨家代理 Seiko Watch 商品的經銷商，由 SEIKO 進口腕錶後在國內銷售。當時經銷商從 SEIKO 採購、販售的主力商品為低價位帶腕錶，SEIKO 品牌腕錶在當地的銷售狀況仍處在較低的水平。

經銷商位於首爾市一棟大樓內，租用某樓層一半空間作為辦公室，我們前往拜訪時，社長和他的兒子一同迎接我們。

這家經銷商和 Seiko Watch 長年往來，社長的職務後來也由兒子 A 先生承接。

我偕同 A 社長，一一拜訪首爾市內採購其腕錶販售的零售店，得知這些零售店大多是街旁的鐘錶店。

店內販賣有普及價位帶的 SEIKO 腕錶，以及低價位帶腕錶。

另一方面，瑞士國外高級名錶都在一流的百貨公司販售。

年輕的A社長精通日語，不需翻譯就能交談。

我們兩人聊得相當起勁，我仔細傾聽他分享如今經銷商面臨的課題及考驗。與此同時，我也感受到A社長試圖運用新方法開發業務的滿腹熱情。

於是我向A社長提議：

「過去以低價位帶商品為主力的銷售策略，限制了A先生公司的成長。

讓我們一起來提升品牌的價值吧。雖然接下來仍須透過販售低價位帶商品，好維持現有的業績與利潤，但今後要致力於擴大銷售高價位的SEIKO品牌腕錶。

SEIKO品牌腕錶包括普及、中階、高價位帶產品。

目前在韓國，是以品牌價值較低的普及價位帶為主力，因此首要任務是往中價位帶商品提升一個位階。

所以要拜託A先生，盡可能拓展更好的銷售通路。

這次視察首爾市內的百貨商場之後，我認為這正是接下來要主攻的通路！請讓

SEIKO 的商品攻占高級百貨公司的店頭吧。

最好也能進駐高級百貨公司內的 DUTY FREE SHOP（免稅店）。我們 SEIKO 一定會全力支持！

透過這樣的策略，目標是讓 A 先生公司的業績在三年內提升五倍，五年內提升十倍！」

聽了我的提議，A 社長的雙眼熠熠生輝。

「我願意挑戰，拚了！」

他很快給出了答案。於是我又問 A 社長：

「那麼，若想達到五倍、十倍的業績，需要 SEIKO 提供什麼樣的支援呢？」

他沉默了一會兒，露出認真思考的神情，接著開口：

「要想爭取高級百貨商場和 DUTY FREE SHOP 這類銷售通路，Seiko Watch 在新產品的分配上，能否增加供給韓國的採購量？此外為了加強宣傳，也希望支援媒體廣告等促進銷售的預算。」

「我知道了。我會提高新產品的分配量，並增加支援銷售的預算。接下來就剩下執行面，一起締造五倍、十倍的業績吧！」

我們緊緊地握住彼此的手，這是男人之間的約定。

我的戰略是，當務之急是促進當地經銷商的業績和利益成長，因此必須優先增加宣傳等支援銷售的預算。等到當地業績和市占率逐步提升，經銷商連同 SEIKO 的業績才能真正往上拉抬。

首先要思考，讓客戶賺錢這件事。

我認為這個方法在經銷商的銷售上格外有效。

三年後，A社長遵守約定。

業績一口氣翻轉五倍。透過提升品牌價值，增加中價位帶產品銷售量，也因為單價提高，銷售成績上達到極佳的加乘效果。

我至今還記得和來到東京出差的 A社長碰面時，我恭賀他：

「恭喜貴公司，達成五倍業績！接下來就是十倍唷。」

對於我這句話，A社長這麼回答我：

「我沒有忘記與梅本先生的約定。現在已經達成五倍了，之後再兩倍就是十倍了。肯定能達成！」

接下來的十倍大作戰就此展開。

A社長依循銷售方針，穩健地將業務擴展至高級百貨商場的店面展示櫃。確保良好的銷售地點，以及精準地對外宣傳，不僅對銷售推波助瀾，並在這樣的立基點上，擴大展售地點面積，產生正向的循環。

又過了好幾年，他達成了約定的十倍業績目標。

當然，與此同時，SEIKO出口韓國的業績與利潤也大幅提升。而伴隨事業版圖擴大，A社長終於成長為擁有自家大樓的企業。

在韓國的經驗中，我在實際執行的過程學到許多事。

那就是必須優先投資客戶，**先讓客戶賺錢，這是關鍵。**一旦對方（客戶）先賺錢，最終肯定能回饋自家公司的業績與利益。

這也是後章所提到讓 Grand Seiko 重生、急遽成長的重要戰略之一。

戰略方法❷

首先要讓客戶賺錢

先讓客戶賺錢，才是擴大公司業績與利益的捷徑。

臺灣：透過積極投資，提升業績和當地員工的熱情

接下來讓我們談談臺灣。

在臺灣，一直以來 SEIKO 品牌腕錶的市場價值都比較高。這裡也成立了當地法人 SEIKO 臺灣，由來自東京總公司的外派員工擔任社長。至今 SEIKO 臺灣的業績保持穩定成長，可說是總公司眼中的優等生。

我上任本部長之後，就立刻出差臺灣，聽取 SEIKO 臺灣社長及當地幹部的報告，也走進當地市場考察。

這正是為了掌握「現場」，從「現場」學習。

那時臺灣的高鐵還未開通，但我仍巡迴臺北、臺中、臺南和高雄等主要城市，實際深入當地的銷售賣場。

接著，我開始思考如何擴大臺灣的業績與市占率。SEIKO 臺灣每年獲利穩定，確實達到及格的標準，但是多年來業績呈現停滯不前的狀態。

如此一來，我不禁對於 SEIKO 臺灣未來成長的可能性，懷著深深的危機感。而應該如何將這些想法傳達給 SEIKO 臺灣的社長及當地幹部，變得相當重要。

因此，我著手分析臺灣的腕錶市場。

大致評估下來，臺灣腕錶市場中約四分之三為瑞士等外國製高級腕錶，以 SEIKO 為首的日本品牌及其他國家腕錶，只有四分之一的市占率。

此外，由於 SEIKO 品牌腕錶的市價較高，過去都是以中價位帶商品為銷售主力，連同普及價位帶商品和低價位帶商品來支撐業績。

即便是當時 SEIKO 在海外少見能推動 Credor 和 Grand Seiko 這些高價位帶商品的銷售地域，也推得相當吃力。

至於銷售通路，雖然幾乎能打入高級百貨商場，陳列在店頭穩定銷售。然而高級地段的鐘錶精品店中，陳列的依舊大多是瑞士等外國製高級腕錶等品項。

因此，我向 SEIKO 臺灣的社長和當地幹部提議：

「在大家的努力下，SEIKO 臺灣才能取得穩定的好成績。

然而，如今的業績發展卻是停滯不前。

期待更進一步的成長，接下來讓我們擴展 SEIKO 臺灣的業務吧！

以目前兩倍的業績為目標！」

我提出了將一直以來「維持現狀」的做法，轉變為「進攻」的建議。

再來要宣布一個重大的決定。

那就是為了一鼓作氣拉高當地的銷售，**投入預算以增加業績的戰略方法**。

具體來說，就是立基在提升 SEIKO 品牌價值的方針之上，透過擴大投資強化中價位帶商品的銷售，亦即大量投入廣宣預算。即使這將導致營業利益率與利益額同時衰退，也在可接受範圍內。

此外，為了擴大高價位帶產品 Credor 和 Grand Seiko 的業績與市占率，必須全面進駐高級地段上主要展售瑞士等外國製腕錶的精品店，攻占更多高級賣場。

擴大投資雖然會暫時導致利益率和利益額下滑，卻能有效提升業績成長，是一種有助於提升日後利益的絕對金額的戰略。

不過，到底是什麼樣的戰略，也沒看見任何計畫，只下了一道要求業績成長的指令；若是如此，恐怕只有身為外派員工的社長能理解，但當地的幹部員工並不會因此動起來。

因此重要的是，必須明確表達態度。

「總公司擁有改革的決心而擴大投資，希望你們也一起打拚。」

這樣會大舉提高當地員工的幹勁。

在幹部當中，以負責市場行銷的B先生為核心，為了達成戰略目標來整合員工，擴產目前銷售主力的百貨據點、進駐高級地段的精品店，透過當地員工推動讓任務進展飛速。

之後，在 SEIKO 臺灣全體員工的努力之下，業績開始一口氣往上衝，五年後達到接近兩倍的成績。

伴隨利益而來的絕對金額也大幅增加，而這都是以負責人B先生為首，當地 SEIKO 臺灣員工團結一心的成果。

當然，這樣的好成績也會回饋給 SEIKO 臺灣的當地員工。

對於國外分公司的當地員工，最重要的是如何激勵出他們的幹勁。任職於總公司的我之所以果斷做出這樣的決定，我在一開始也有提到，SEIKO 在臺灣市場的品牌價值原本就比其他國家地區來得高。

於是我重新將**提高品牌價值視為重要的戰略之一**。

這也是我之後當上海外與國內的業務本部長，以及執行董事時的重大方針。

接下來想說個題外話。

由於無法時常與臺灣的員工碰面交流，因此我每年一定會參加農曆新年前舉辦的尾牙活動。晚宴上，和包括主要客戶在內每一位員工一一乾杯暢飲，所有人一同迎接這場臺灣式的年前盛宴。

我平常很難與當地員工直接交流，而所有人齊聚一堂的尾牙正是寶貴的機會。來自總公司的職員和當地員工相互擁抱、乾杯，不僅加強員工們對公司的向心力，也和到場的客戶變得更為熟悉。

重要的是，和工作夥伴們面向一致的目標，同時感受彼此的團結齊心。

Point

在海外據點，關鍵是如何提高當地員工的幹勁。

總公司應該做的是做出重大的決策，並對結果負起責任。

和當地員工的溝通也很重要。

順暢的溝通，才能打造出一致朝目標前進的戰鬥團隊。

中國：品牌育成，著眼於未來市場的長期戰略

我就任本部長的時候，Seiko Watch 在中國市場上正面臨兩道很大的課題。

第一道課題是業績低迷，銷售上被以瑞士為首的國外高級品牌腕錶與國產錶等對手大幅領先。

其次，就是當地銷售組織體系的問題。當時 Seiko Watch 的中國據點，一直以來設立在華南地區的廣東省，然而當前腕錶業務主要的交易市場卻是上海，地點上並不利於銷售。此外，既有的組織體系在舊有體質下也難顯活力。

事實上，中國是 SEIKO 最早出口腕錶的國家。

在那之後，SEIKO 發表了世界第一支石英腕錶，並出口全世界；SEIKO 的鐘錶在中國國內也擁有精確無比的好名聲，「SEIKO」這個品牌數十年來廣為當地人所知。

因此，我上任東亞業務本部長出差中國時，發現國內的中高齡世代中大多都還記得

「SEIKO」。

然而，之後隨著中國經濟成長、中國人均所得提高，以瑞士為首的國際品牌腕錶紛紛進駐，一舉擴大對中國市場的投資。如此一來，知名鐘錶精品店中一字排開陳列的都是國際精品腕錶，販售給所得提升的中國消費者；二〇〇〇年之後，這樣的態勢更為明顯。

當此之際，一九九〇年代後半到二〇〇〇年，SEIKO的業績正處在寒冬，從各方面評估起來，公司都不具備投資中國市場的實力。因此，在中國市場的投資上，呈現長達十年以來大幅衰退的狀態。

在這樣的狀況下，我身為新就任的本部長，在重新翻轉、改造SEIKO面向中國市場的策略上，實是刻不容緩。

我先從第二道課題，也就是改革當地銷售組織體系談起。

我在腕錶主要交易市場的上海，設立了Seiko Watch上海，同時移交廣東省的銷售業務。然後廣納現場的反映與回饋，快刀斬亂麻著手變革組織體系。在此略過作業上的細節，而這些龐大繁複的業務移交作業，都是當時的負責人、Seiko Watch 上海社長盡心盡力的成果，最終一切都安置妥當。

接下來面臨到最大的課題，就是讓 SEIKO 品牌腕錶在中國市場重生。然而，這條中國市場的重生之路極為艱困，知名腕錶精品店等優質通路所採購的幾乎都是以瑞士為首的國際精品腕錶。當此之際，在既有的百貨公司之外，新的大型商場與購物中心如雨後春筍般接連開幕。

即便如此，比起國外高級品牌腕錶，SEIKO 腕錶等品牌價值較低的商品仍舊面臨到遲遲打不進市場的窘境。

當然，之後中國的網路事業如飛躍般普及於大眾，腕錶即使無法陳列在店頭，也還是可以透過網路買賣。

無論如何，**對於意圖打入精品圈的品牌腕錶而言，最重要的正是確保良好的銷售通路**。放在今天來看也是如此。

話雖如此，中國市場的重生之路卻是勢在必行。

因此，在中國也必須執行提升品牌價值的策略。從以往主打普及價位帶商品的銷售策略，提升至中價位帶商品。

與此同時，設立 SEIKO 的直營店「SEIKO Boutique」，讓 SEIKO 的產品直接面向消費者，促進公關銷售等事宜。

如此一來，不僅可以改變主力商品結構，Seiko Watch 上海也為了維繫當地更好的通路環境竭盡心力。但是，要擁有更好的銷售通路，絕對少不了龐大的投資。

百貨商場和大型購物中心曾向 Seiko Watch 上海社長提出這樣的問題：

「SEIKO 打算執行多大規模的廣告宣傳投資預算？

還有，預計投入多少作為店頭支援的銷售推廣費用？」

我作為新上任的本部長，即使想大舉投資中國，眼前公司內部卻顯然力有未逮。對於中國的投資，其投資金額亦遠非投資韓國或臺灣所能比擬。

可是，在如此廣大的中國市場投入巨額的廣告宣傳和銷售推廣預算，是絕對必要的。

然而當時，我們並沒有這般能大筆投入的資金。我不禁感嘆，這就像是缺乏強大的武器卻要上戰場一樣。

儘管如此，我還是依照自己的判斷，勉力將投資金額拉高至原本的二至三倍，隨後中國的業績也逐步成長到一定的規模。但這只不過是SEIKO在中國市場上，真正邁向重生之路的第一步。

SEIKO過去在中國市場的投資，歷經超過十年以上的大衰退，也因此失去了許多良好的銷售通路。

我在中國的事業上得到兩個教訓。

第一，**伴隨著經濟成長與社會變遷，消費者的需求也會改變**。這不限於中國，在日本或別的國家也是如此。過去人們對腕錶的要求是優良的品質與高精確度，隨著所得提高，卻改從品牌來判斷腕錶的價值。

Point

伴隨經濟成長與社會變遷，消費者所追求的事物也隨之改變。即使在海外市場，品牌產品也必須確保良好的銷售通路。

第二，**品牌育成必須以長遠的眼光持續投資**。

要持續維繫消費者或通路（例如零售商）對品牌的支持，必須**長期持續投資**。這也是吸引以年輕人為首的新世代消費者，不可或缺的條件。

Point

在品牌育成上，必須以長遠的眼光持續投資。

為了確保未來的市場（需求），吸引年輕世代支持很重要。

從東亞到全亞洲

為了將東亞（中國、韓國、臺灣）的品牌活動擴展到全亞洲，東亞業務本部進行改組，新成立海外第二業務本部（負責全亞洲業務），由我出任本部長。

除了經濟起飛的亞洲各國，也包括新興國家的印度、俄羅斯等國家的銷售事業推展。

Seiko Watch 的漫長歷史中，海外市場實力很強，海外事業的業績結構占比通常超過全公司五成以上。其中在出口訂單的業績結構上，又以歐美占比最高。在這樣的前提下，對於曾任職三菱商事時深耕亞洲業務、兩度外調泰國長達九年的我而言，被交付了拿下亞洲市場的重責大任。

那麼，我該如何提升海外第二業務本部轄下亞洲各國市場的業績？

雖然每個國家需採取的對策不同，但整體戰略是一致的。

首先要掌握「現場」，從「現場」學習。接下來要提升 SEIKO 的品牌價值，將以普及價位帶商品為主力的市場，轉變為中價位帶至高價位帶商品。無論如何都要先讓包括代理商或當地法人在內的客戶賺錢，才可能達到總公司在出口業績與利潤上的提升。

在此稍微分享當時的主力市場香港和泰國。

在香港市場，與 SEIKO 長期友好的代理商並不僅限於香港，也會銷售到新加坡和馬來西亞市場。

而我相當懷念的泰國，則設有當地法人 SEIKO Thailand（SEIKO P&C〔Thailand〕），由當地的工作夥伴出任社長。

我隨即出差前往當地，仍舊是先掌握「現場」，從「現場」開始學習。

我和許多社長與腕錶銷售負責人開會，告知 SEIKO 的市場戰略以及今後待解決的課題，並承諾如同在東亞推展的品牌活動，也會加強對當地的投資。

透過當地的社長、幹部員工在第一線坐鎮執行，銷售點推進到新的購物中心與高級百貨商場，也一鼓作氣成立直營店 SEIKO Boutique，兩國的業績大幅提升。

同樣地，我也打算擴大印尼、菲律賓等國的業務。在這之後爆發的雷曼風暴，雖然讓主力歐美市場陷入苦戰，亞洲市場的表現卻依舊亮眼，出口業績呈現以往兩倍的活絡成長。

我任職於三菱商事時期，外派泰國九年當中兩度調任日泰合營企業（工廠），並使用泰語從事業務活動。

正因如此，即使多年之後還是能夠以泰語進行對話，我參訪 SEIKO Thailand 時，和社長及幹部員工、零售商等人的溝通都順暢無阻。

要與當地人士建立起人脈網，最好會說那個國家的語言。

晉升，成為海外事業的負責人

亞洲市場的成績備受肯定，於是，我接下了包含歐美國家在內、統籌海外整體營運的海外業務本部長。

以海外市場來說，世界知名的腕錶品牌盛會，就屬每年春天在瑞士巴塞爾舉辦的「Baselworld」（巴塞爾國際鐘錶珠寶展），這也是世界規模最大的鐘錶珠寶展覽會。我剛接任東亞業務本部長時就曾經參加 Baselworld。

歐洲是以瑞士製錶業為首的精品腕錶發源地，這樣的盛會對於當時全球高級腕錶商來說，正是向世界發表、推廣自家新商品非常重要的場合。

Seiko Watch 多年來也在會場內設立品牌展館，發表近年推出的新產品。

在大會中，Seiko Watch 雖然會展示一些吸引目光的高級錶款，主要陳列的卻仍是以促進海外銷售、專攻出口的中價位帶錶款。

在 Seiko Watch 內部，海外與國內業務部門的營運模式截然不同。雖然同樣掛著 SEIKO 的品牌，海外賣的是專門出口的錶款，國內賣的是專屬國內販售的錶款。因此 Baselworld 上主要展示的，即是落在中價位帶的海外錶款。

我擔任國內的副本部長時就很清楚這個現象，於是接任海外業務本部長之後，在 Baselworld 上積極展示 Grand Seiko 和 Credor 等高價位帶錶款，向世界推廣宣傳。

而在那之後，我歷經國內業務本部長、執行董事，並成為公司最高執行負責人，後面幾章也會談到，當時我獨排眾議，將日本國內急速成長的 Grand Seiko 系列錶款，在 Baselworld 的 SEIKO 展館大規模陳列，讓 SEIKO 的高級品牌價值直接面向世界。

了解全球「Grand Seiko」的現況：運用四色圖表將「課題視覺化」

我接任包含歐美在內、統籌海外整體營運的海外業務本部長之後，開始關注世界上每個國家的市場，並重新認識到，隨著市場環境變化，SEIKO在各國的品牌價值都有所差異。

對此我的策略是，將一致的方針確實傳達給公司內部的海外業務部門員工，以及當地法人和代理商等合作夥伴。

當時我將各國的品牌價值製作成一目了然的簡明圖表。

尤其是對於海外業務部的所有員工而言，看了這張圖後，更方便他們整理市場現況並進行分析。

零售價位帶業績構成比例（舉例）
〈圖示〉

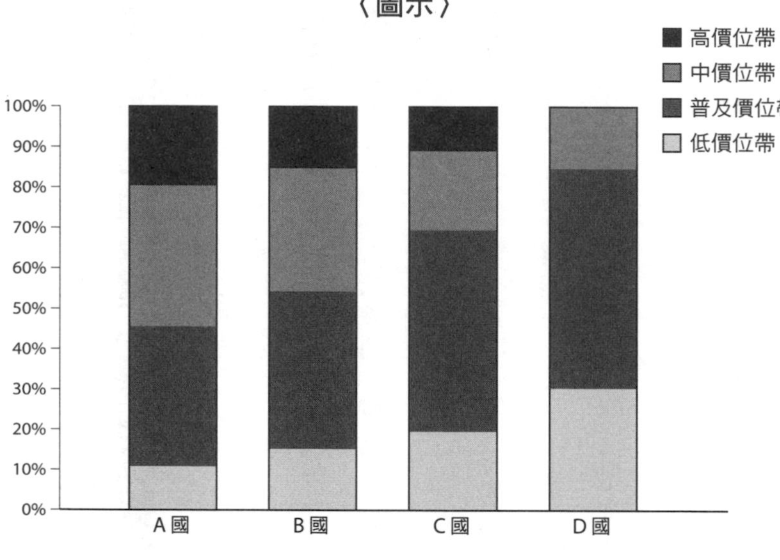

這就是將「**課題視覺化**」。

也就是上方的**四色圖表**。

在這裡用假想的業績比例圖為大家簡單地說明。

最上方的顏色指的是高價位帶商品（腕錶）的業績占比。

這個比例愈大，就表示在該國品牌價值愈高，高價位帶商品的銷售量最多。

第二順位的顏色則是價位帶排序第二高的商品業績占比；再來是價位帶排序第三、第四的商品。

最下方第四順位代表的是低價位帶腕錶的銷售比例。

我想大家應該已經了解了。

例如以A國來說，是高價位帶商品（腕錶）業績占比最高的國家，因此今後的目標是擴大最高價位帶商品的銷售，逐漸減少第三、第四價位帶的比例。

反過來看，D國是排序第四順位的低價位帶商品占比較多的國家，首先必須以前一個位階第三順位的普及價位帶商品為目標，再來是第二順位，最後才是第一順位，依序一步一步調整主力商品結構。

我會向海外的當地法人或經銷商等合作夥伴，像這樣盡可能簡單說明商品現在在該國的品牌價值，並基於目前的條件，擬訂合適的目標戰略。

不論行業別或事業規模，都可以實際運用四色圖表。

即便應用在大家所處的行業，以國內市場來說，可以根據不同地區、分店將產品結構以色塊區分出來，再進行分析。

具體來說，如果以日本全國各地區來製作四色圖表，可以很清楚知道哪一個地區高價位商品賣得好，以及仍以低價商品為主力在苦撐的地區。

如果以店鋪別進行分析，可以將各分店的業績製成四色圖表，並將店內各式各樣的暢銷商品或接下來的課題，和店員或同僚簡單地共享。就算是剛進公司的菜鳥，也可以運用四色圖表將自身的「課題視覺化」。

超過四種色階也沒關係。

只要大家一看就懂，用什麼顏色都好。

透過這樣的方式，大家就可以一窺自身工作的現況與今後亟待解決的課題。

第三章

「提升品牌價值」，再造腕錶事業

業績谷底時期，就任執行董事、專務執行董事（事業最高負責人）

我在就任海外業務本部長、統籌全球地區營運之後，再次重返國內業務，扛起國內業務本部長的職務，並於二〇一一年二月成為 Seiko Watch 的執行董事、專務執行董事。

這是僅次於服部社長、處於公司內的第二把交椅，也是全公司營運的最高負責人。當時，Seiko Watch 事業體的業績受到金融海嘯（雷曼風暴）極大的衝擊，業績大幅衰退，二〇〇九年度甚至下滑近四成；與此同時，營業利益也急遽減少，可說是腕錶事業業績跌入谷底的時期。

由於 Seiko Watch 的業績不振，發給製造商（精工愛普生〔SEIKO EPSON〕、精工半導體〔ＳＩＩ〕）的訂單也大量減少，兩家精工製造商的腕錶事業陷入極大的危機，事態已然刻不容緩。

Seiko Watch 面臨史上最大的危機，此時服部社長做出決斷，將非老職員出身、中途入社的我，拔擢為左右公司命運的事業體營運最高負責人。

我就任執行董事的隔月，日本爆發東日本大震災，國內經濟受到非常大的衝擊。

另一方面，二〇〇八年一美元兌一百日圓的匯率，以及接下來三年一度達到一美元兌七十九日圓的超日圓升值時期，在金融風暴持續延燒下，SEIKO 海外事業在營運上蒙受極大的衝擊。

那時，海外營收占 Seiko Watch 整體營收超過五成，是公司賺錢的主力。因此，海外業績大幅衰退直接衝擊 Seiko Watch 的營運。

國內是東日本大震災，國外面臨超日圓升值，Seiko Watch 陷入前所未見的重大危機。

我在這樣的「谷底時期」，接下了執行董事、專務執行董事，成為公司營運的最高負責人。

眼前是雷曼風暴、東日本大震災，以及超日圓升值這三大逆風。但我認為，這些巨大的危機正是大大扭轉 Seiko Watch 事業結構的絕佳機會。為了正面作戰，只能改變既有的事業結構，著手企業轉型，並根基於新方針來擬訂成長戰略。

在那之後，實行新方針與成長戰略逐步取得成效，業績從一蹶不振的谷底，急速成長到連續六季成長，業績翻倍、營業利益攀升四倍的好成績，也是 Seiko Watch 成立以來業績額與營業利益的最佳表現。

重新審視企業結構：打造展現公司精神的國際品牌

以下就是我所擬訂的企業轉型方針與戰略。

首先，**新方針是品牌再造戰略，也就是「提升 SEIKO 的品牌價值」。將公司精神呈現在面向世界的品牌形象上，並推向全球市場。**

然後，將原本以中價位帶至普及價位帶產品為主的銷售模式，全盤轉換為以高價位帶至中價位帶產品為業績主力。

這需要兩個戰略。

首先，發展國際級品牌（高價位帶至中價位帶產品），其中的核心產品就是 Grand Seiko。

其次，為此必須推動公司內部組織改革（國內、海外組織一體化）。

一直以來，Seiko Watch 在國內與海外的產品企畫、行銷、廣宣等做法上完全各自為政。

由於是分頭規畫、生產不同品牌產品，然後在國內與海外販售，就製造層面來說不僅利潤很低，也沒有效率。

要執行以上的方針與戰略，首先要擬訂四大措施：

第一，Grand Seiko 的重生與急速成長（成長戰略的擬訂、執行）。

將誕生於一九六〇年、五十年來銷售低迷的高級腕錶 Grand Seiko，透過獨立的成長戰略重生，並且急速成長。至於為什麼是 Grand Seiko？我在第四章開頭會詳細說明。

這個重生、急速成長的戰略可以區分成三個階段：

第一階段，Grand Seiko 產品本身不變，銷售業績在五年內一口氣達到三倍，確立其高級品牌腕錶的地位。

再來是**第二階段**，開發、擴大高價位帶（一百萬日圓以上）及女性市場的交易量，成為與瑞士製等國際品牌並駕齊驅的高級腕錶。

最後**第三階段**，Grand Seiko 成為獨立品牌，真正進軍全球市場。

第二，國內事業轉守為攻。

雷曼風暴和東日本大震災重創日本國內市場，這也是 SEIKO 品牌價值最高的市場。過去在事業結構上，是以中價位帶至普及價位帶產品為銷售主力，一旦計畫將主力大搬風，移往高價位帶至中價位帶產品，全然改頭換面，也只有國內市場能早於全球市場上做到這一點。

因此，改以 Grand Seiko 為事業核心，搶攻國內市場。

第三，海外事業分成短期與中、長期兩階段進行事業結構改革。

即便是海外市場，長期以來也是以銷售中價位帶至普及價位帶產品為主，就算想將重心移往高價位帶至中價位帶產品，還是得先提升目前 SEIKO 在海外的品牌價值，而這估計起來要花上一定的時間與預算。尤其面臨到出口量最大的美國市場大幅衰退，必須在市場回復前，尋求中長期全盤變革的對策。

因此，海外事業必須區分成短期與中、長期戰略來執行。

短期戰略上，為了因應雷曼風暴和超日圓升值的持續衝擊，海外業務團隊的任務是穩住目前衰退的日圓營收，也就是在日圓升值的情況下，提升外匯市場交易額。

以地域來說，歐美市場深陷雷曼風暴衝擊的巨大泥淖，在拚命站穩腳步的同時，也一併進攻亞洲市場。因此不能大幅削減海外整體的宣傳經費，須維持在一定的額度。

總之，業績還是擺在第一位，利潤下滑在短期來看也是無可避免的。

中、長期戰略上，海外是進攻型市場。

海外的腕錶市場規模相當龐大，如果不重振、拓展海外業務，Seiko Watch 無法達到全新的成長。

因此，必須將中價位帶至普及價位帶產品，澈底轉換至高價位帶至中價位帶產品，並將 Grand Seiko 視為核心產品。

如此一來，中、長期持續大規模投資是絕對必要的。

第四，維持製造商的設備運轉率。

持續維持 Seiko Watch 底下兩家製造商（精工愛普生〔SEIKO EPSON〕、精工半導體〔SII〕）與協力廠商的生產線運轉，也相當重要。

這是在三大逆風下，Seiko Watch 依舊能穩住營業額，並達到業績翻轉回升的關鍵。

必須透過這樣的方式，維繫、增加發給製造商的訂單，讓製造商的腕錶事業擺脫當前嚴峻的危機。

關於以上我提出的第一項對策，會在第四章進一步介紹，本章要談的是第二至第四項對策。

我在擬訂、執行具體成長戰略的前提，首先就是「盤點 Seiko Watch 的經營資源」。

也就是對於一家公司來說，哪些是「優勢」，哪些又是「弱點（課題）」，針對這些一一整理分析。

再來是市場環境。必須了解在精品腕錶市場急速擴大的情況下，伴隨而來的包括以瑞士為主的國外品牌腕錶銷售急遽成長，以及將成為眾品牌一大挑戰的「智慧手錶」等重要外部環境因素。

透過前述全面的檢討分析，我身為事業最高執行負責人，就此拍板「澈底轉變事業結構的方針」。

戰略方法 ③

大逆風是變革的時機

大逆風正是你調整組織架構絕佳的機會。

研擬翻轉事業結構的「方針與戰略」：「盤點經營資源」的優勢與弱點

著手研擬轉變事業體結構的方針與戰略之際，有個不可忽略的前提，也就是處在三大逆風衝擊、極為嚴峻情勢下的 Seiko Watch，**必須隨時盤點自身所擁有的經營資源。**

Seiko Watch 這家公司擁有的「優勢」與「弱點（課題）」是什麼？

經過一番盤點，再進一步規畫如何有效運用這些經營資源。人才、產品、市場、通路、業務、廣宣、品牌等等，將每個項目分析現況後一一寫下來。

接下來的問題是，如何將目前擁有的「優勢」轉換為進攻市場的武器？另一方面則要評估，如何反過來利用「弱點（課題）」成為自身的「優勢」？

事實上，「盤點經營資源」並非是我擔任執行董事後才開始思考的事。

我進入 Seiko Watch 之後，陸續接觸海內外各式各樣業務的過程中，自然而然地養

盤點經營資源

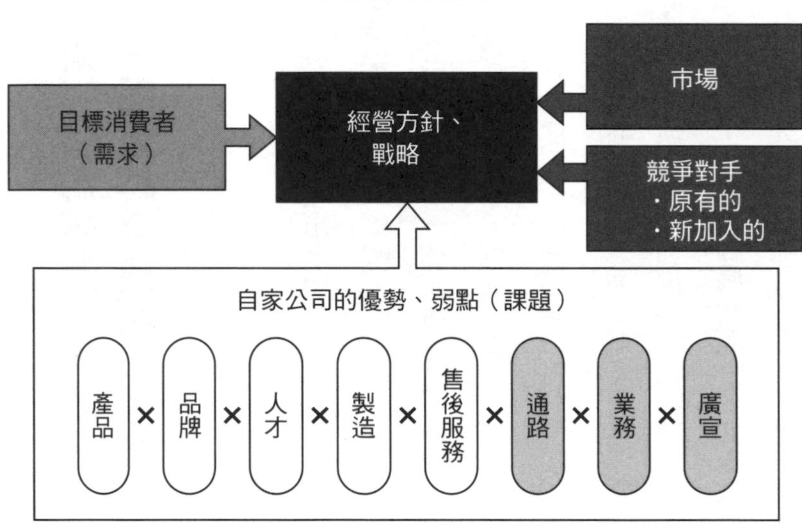

成了「盤點經營資源」的習慣。

就這樣，針對公司「盤點經營資源」，讓我得以擬訂出大幅轉變事業體結構的方針與戰略。

我為了與全體員工分享這些戰略內容，也製作了簡明的圖表。接下來就談談我當時「盤點經營資源」的過程與方法。

優勢①：產品

第一個優勢是「產品」。

終歸來說，SEIKO的產品具有高水準的技術與品質，同時以國際品牌之姿獲得消費者的高度信賴。

然而實際情況是，這樣的優勢條件並未獲得充分發揮。

這正是待解決的課題，SEIKO 在日本國內與海外的品牌價值有所落差，國內聚焦於中價位帶產品，並以普及價位帶至低價位帶產品來支撐業績收益。

另一方面，海外主推的卻是中價位帶產品和普及價位帶產品，但是中價位帶產品的售價比國內來得低，只能以低價位帶產品來支撐業績。

在高價位帶產品上，國內雖然也販售擁有世界頂尖品質的 Grand Seiko 和 Credor 等產品，Grand Seiko 卻長年賣不好，Credor 的業績則長期衰退；海外的高價位帶產品更幾乎呈現滯銷狀態。

問題就在於，國內與海外產品企畫單位隸屬於完全不同的團隊，兩個團隊在企畫和銷售上各行其是，最終導致 SEIKO 這個品牌失去了一致對外的「品牌形象」，也造成品牌種類過多，生產及市場行銷成本大幅提升的現況。

優勢②：品牌

第二個優勢是品牌。

讓石英錶普及全球市場的 SEIKO，國內外聲名遠播，早已確立值得信賴的品牌地位。

可是，儘管全球市場的知名度高，卻不是人們心生嚮往的精品腕錶。不如說 SEIKO 在海外就只是個品質優良、價格合理的品牌。

因此，在世界市場中「提升 SEIKO 的品牌價值」，為當務之急的首要課題。

優勢③：人才

Seiko Watch 人才輩出，尤其是早年於服部鐘錶店時期入社的高齡員工，都很優秀。若要說起待解決的課題，那就是傳統企業基於過去成功的經驗，少了一點主動挑戰新領域的精神。

因此對於企業而言，如何有效運用人才是重要的課題之一。

我認為應該要更加充分運用 Seiko Watch 的優秀人才，這也和提升公司業績息息相關；同時推動國內與海外組織一體化，促進人才流動（人事交流）與活動公司內部體質。

優勢④：製造

Seiko Watch 的鐘錶由精工愛普生（SEIKO EPSON）、精工半導體（SII）所研發、生產。這兩家公司擁有世界頂尖水準技術，生產許多高品質的腕錶，當中大多數協力廠商也製造出令人信賴的高品質零件。

此外，兩家製造商擁有許多高級腕錶工房*，裡頭有許多擁有高度專業技藝的職人，以現代名工之姿發揮世界最出類拔萃的工藝，打造出 Grand Seiko 和 Credor 等高價位帶精品腕錶。

即便因 Seiko Watch 銷售疲軟、發給製造商的訂單銳減、製造商的腕錶事業營運陷入赤字，這兩家公司仍堅守住高級工房，依舊持續培育下一世代的年輕職人。

正因如此，當 Grand Seiko 日後急速成長之際，在技術或生產上才能令人毫無後顧

*譯注：SEIKO 聞名世界的兩大工房「雫石高級時計工房」與「信州時之匠工房」，從零件設計到機芯組裝全在工房內部完成，垂直整合生產，是真正的錶廠自製。

之憂。包括協力廠商在內，我對這兩家製造商充滿了感謝。

優勢⑤：售後服務

SEIKO 的服務中心（現為 SEIKO TIME LABS CO., LTD.）是聚集了許多優秀技術員的專業售後服務公司。

確立腕錶的售後服務體制，才能提升客戶對 SEIKO 的信賴感。

弱點（課題）①：通路

在此我主要針對日本國內市場來說明。

第一個弱點，就是通路的課題。過去，SEIKO 在知名百貨公司和腕錶專門店等高級腕錶賣場擁有大型展售空間。

然而，在瑞士為首的國外品牌腕錶來勢洶洶之下，一定程度上喪失了不少這類的優質櫃位。

當時，高價位帶的 Credor 仍然保有足夠的陳列櫃點；Grand Seiko 雖擁有自己的專櫃，卻展示在一般 SEIKO 腕錶（中價位帶至普及價位帶）的旁邊。

而且距離 SEIKO 腕錶櫃點不遠，就陳列著國內競爭對手的商品。為了促進 SEIKO 高價位帶產品 Grand Seiko 的銷售，勢必要奪回失去的展場。

弱點（課題）②：業務

過去 SEIKO 品牌馳名全球市場之際，並未追求強悍的業務能力；一來或許是那時的決策或趨勢，其次是業務本部未能積極設定具挑戰性的目標，在中長程目標設定上，也沒有提出可能執行的有效對策。

而且，更大的課題是，國內與海外業務隸屬截然不同的組織，無論在產品企畫、行銷宣傳等面向上都各自獨立運作，要實現公司整體戰略一元化相當困難。

弱點（課題）③：廣告宣傳

Seiko Watch 的廣告宣傳一直以來都保持在高水準的品質。

然而在國內與海外銷售不同產品的情況下，雖然推動了各式各樣獨立的廣宣活動，卻仍非針對國際級品牌的國際行銷體制，這是第一大課題。

此外，為了確保短期獲利而削減經費，遭殃的正是廣宣預算。無法以中長期視角戰略投資行銷宣傳活動，也是令人憂心的另一大課題。

經過以上的分析，一一清點了包括產品、品牌、人才、製造、售後服務等強大的優勢，這些恰恰是能轉守為攻的武器。

另一方面也釐清了通路、業務和廣告宣傳上的種種問題，我開始思考如何利用這些弱點（課題），扭轉逆勢成為自身強大的武器。

而如此分析下來，我也得到了改造企業體質的強大提示。

那就是，一間公司**「必須以最強的產品決勝負」**。

業績跌入谷底的關頭，經營資源相當有限，在這樣的前提下如何重現「優勢」，是當前最緊急也最重要的課題。

關鍵就在於讓擁有高品質、高水準的品牌 Grand Seiko 重生，我下定決心讓它成為這家公司巨大的支柱。

戰略方法❹

盤點公司的經營資源

公司的「優勢」與「弱點」是什麼？

有效運用「優勢」，將「弱點」視為待解決的課題，就是事業成功的祕訣。

解決課題是邁向成功的祕訣：整合國內與海外業務

我在「盤點經營資源」的過程中，看見了一道重大的課題，國內與海外業務以截然不同的模式管理，無論在產品企畫、市場行銷、廣告宣傳上都各自獨立運作。

過去SEIKO營收規模相當龐大，國內與海外分開獨立營運不致有太大的問題；然而全球金融市場颳起雷曼風暴，再加上超日圓升值導致業績大幅衰退，我判斷當此之際，SEIKO內部已然沒有各自為政的本錢，整合是更好的途徑。

一方面以提高效率和降低成本為目的，而真正的目標要從品牌重新出發，打造出「展現公司精神的國際品牌」，並推向全世界。

我成為事業執行最高負責人之前，曾經分別擔任過海內與國內業務本部長，那時和公司的其他董事、幹部和本部長共同商議，經過內部流程，率先整合國內與海外的產品企畫，新設產品企畫本部。接下來更進一步整合宣傳業務與銷售管理，實現國內與海外業務單位一體化的目標。

事實上，推動組織改革的過程相當嚴峻，從公司董事、部長帶頭、以至全體員工都要懷抱堅定改革的決心，才可能實現。對此我由衷感謝。

像這樣盡可能整合國內與海外團隊，讓業務運作變得更有效率；我就任事業執行最高負責人之後，在打造 SEIKO 以 Grand Seiko 躍居國際品牌的進程上也加快了腳步。

戰略方法⑤

打造出展現企業精神的品牌

從一開始就以國際化的視野形塑自家品牌形象。

組織改革中很重要的一環，就是實行國內與海外的人事交流。我推動國內與海外事業整合還有一個用意：成立整合國內與亞洲市場的新業務本部。

透過這樣的方式，將國內高價位帶至中價位帶產品的行銷方式，以及業務上的

Know-how 應用在亞洲市場。

此外，人事交流也有培育人才的作用。舉我身邊一個例子來說，我將一位長年在國內從事業務、企畫事務的部長，改調派為負責亞洲業務的部長，讓他一邊實地經歷海外（亞洲）市場業務一邊學習。我很清楚這位部長一開始非常困惑且不知所措，但他以天生的活力與好奇心勇往直前，克服困難後，能力逐漸成長，為 SEIKO 亞洲市場的大幅成長貢獻相當的心力。在那之後，他升任產品企畫的負責人，成為打造國際商品進軍海外的核心要角。

我之所以推動人事交流的政策，背後原因和我自身的體驗密切相關。

我任職三菱商事時期，原本待在鋼鐵出口部門，有一天突然收到來自國內部門的人事令，將我調派到倉敷市的水島，從事我過去從未接觸過的三菱自工（自動車工業）鋼板加工銷售業務的供應鏈管理（SCM）營運項目。這可是實實在在待在現場的工作。

過了幾年，某天我又突然收到人事令，這次要二度外派泰國的日泰合營鋼材加工公司（工廠）。也是現場的業務。

回國之後，我重拾出口部門和國內業務部門的業務工作，離開三菱商事後進入跨產業的 Midori Anzen，之後又再一肩挑起 Seiko Watch 的國內、海外部門業務。

工作環境轉變，沒有知識，也沒有經驗，人際關係更是歸零的情況下，從頭開始。**我自己對這樣的過程感到相當痛苦，但也將當中所有的經驗銘記於心，並因此獲得「許許多多的超能力」。**

我深切感受到，在我踏入全然未知的腕錶業界之後，這「許許多多的超能力」成為我最強大的後盾。我無論如何都希望員工也能擁有這樣寶貴的經驗，才有了促進人事交流的動機。

Point

盡可能讓自己「擁有許多超能力」。
因此無論做什麼，都要挑戰新事物。

大幅轉變國內的營收結構：參戰高價位帶市場

日本國內的腕錶市場動向，可從日本鐘錶協會的資料中略知一二。我在這些資料中，將二〇〇三年以來的數據歸納整理之後，製作出次頁的圖表。透過圖表，可以得知日本國內腕錶的實銷金額（推估）中近八成是進口錶；也就是說，剩下的二成才是以SEIKO為首的國產錶市場。進口錶當中雖然也有普及價位帶產品，但大多數還是瑞士精品腕錶。由此可知，即便在日本國內市場，進口錶仍取得壓倒性的高市占率。

我決定抓住這個大好的機會。我認為接下來的目標，就是國內市場對於進口高級腕錶的大量需求。幸運的是，Seiko Watch擁有高品質的高價位帶精品腕錶Grand Seiko，儘管五十年來銷售持續低迷，然而我深深相信，一旦喚醒這頭「沉睡的獅子」，必定能拿下市場中對於高級腕錶的大量需求。

國內腕錶完成品市場規模（推估）

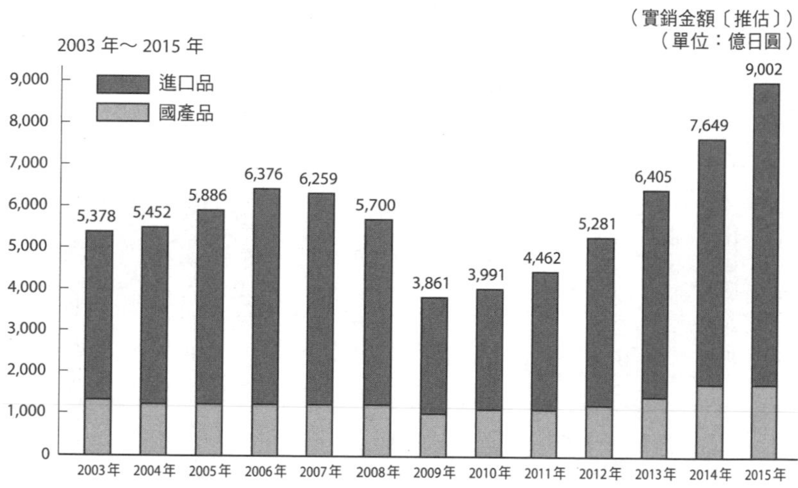

出處：引自一般社團法人日本鐘錶協會「日本的鐘錶市場規模（推估）」作者製表

截至目前為止，Seiko Watch 的業績、利潤還是以中價位帶產品為主力，並由普及價位帶產品所支撐。

然而，Seiko Watch 明明已經擁有 Grand Seiko 這般高品質、高水準的頂尖工藝腕錶品牌，卻少了活用這般強大武器的**戰略經營能力**及**市場行銷能力**。

事實上，我成為執行董事前、擔任國內業務本部長時期，為了爭取 Grand Seiko、Credor、Galante 等三大高價位帶精品的專櫃點，發起了「SEIKO Premium Watch Salon」的行銷活動。

隨後我成為執行董事，將這項活動拉高為獨立的市場行銷戰略，同時緊鑼密鼓加快執行，讓 Grand Seiko 因此重生並急遽成長。這些我會在下一章繼續向各位說明。

另一方面，中價位帶的高級品牌 SEIKO Astron 也開始摩拳擦掌，將以世界上第一款ＧＰＳ全球定位太陽能腕錶之姿，投入國內與海外市場。

此外，由精工半導體（ＳＩＩ）開發的新機芯（如腕錶心臟的驅動零件）所搭載的 SEIKO Presage，將與 Grand Seiko 齊心協力開拓新市場。不只針對日本的機械錶迷，也必須成為國外入境旅客的消費標的才行。

儘管當時日本經濟慘遭東日本大震災重擊，我依然認為：「正因如此，才更要振作起來！」

SEIKO 自身擁有極為精湛的技術，以及現代名工高超的技藝，由此誕生的高品質、高水準的高價位帶產品及中價位帶產品，肯定能讓國內消費者重新認識並接受，接下來就要讓世界看見日本的國際級產品。眼下，日本國內市場正是最大的「反攻」市場。

幾年下來持續推動這些戰略終於取得成果，如同當初的計畫，SEIKO 提前完成了轉換國內業務事業結構的目標。

並伴隨著 Grand Seiko 重生、急速成長，以及推出中價位帶的高級產品，逐漸轉變為以高價位帶至中價位帶產品為業績、利潤主力的營運結構。

Seiko Watch 的國內業務收益也因此大幅提升。

之後國內與海外的業績結構呈現逆轉，國內業績占公司整體業績超過一半以上，扮演起營業利益的關鍵角色，並成為撐起全公司業績、利益的巨大支柱。

海外事業結構改革戰略：「短期」與「中長期」兩階段執行

我決定將海外業務的事業結構改革分成兩階段進行。

日本以外的市場都是海外市場，而且依據不同地區、國家，SEIKO的品牌價值也有所差異。除了推動——包含日本在內——海外整體的全球性策略，另一方面也必須在品牌價值呈現落差的國家執行不同的市場戰略。

對於Seiko Watch而言，最大的市場正是歐美市場，卻在雷曼風暴後遭受重創，因此眼前最大的課題之一，即是重建美國的事業。過去Seiko Watch雖然在美國取得龐大的業績收益，但當時的銷售主力大多為較低階的中價位帶產品與普及價位帶產品。而且，那些產品一直以來只在中型及大眾百貨商場，或鐘錶店內販售，難以打入高級百貨的專櫃或精品專門店。

我也因此再次體悟到，再造美國事業必須以中長期為目標。

接下來談談兩階段的事業改革。

我在前面提過，即便是海外市場，多年來仍然以中價位帶至普及價位帶產品為主力，所以終極目標是轉換成以高價位帶至中價位帶產品為銷售主力。可是在推動上必須具有長遠的眼光。

在腕錶悠久的歷史中，SEIKO 腕錶是廣受國外消費者信賴的品牌。然而，想要一舉扭轉消費者對 SEIKO 的品牌印象，不僅需要花上很長一段時間，也絕對少不了持續投入大規模預算。

然而，我在二〇一一年二月成為全公司事業執行最高負責人之際，Seiko Watch 的業績一直在谷底徘徊，完全不具備持續進行大規模投資的條件；再加上 SEIKO 身為控股公司，我受命要維持、提升公司整體營業利益，處境可說進退維谷。

因此我開始思考兩階段的事業改革。

當時，我先指示海外業務幹部執行短期戰略，達成後再朝中至長期目標邁進。

首先是第一階段的**短期戰略：透過日圓利差交易＊維持業績**。

雷曼風暴來襲前，海外業績整整超過公司整體營收一半以上，扮演營業利益最核心的角色。但是在雷曼風暴的巨大影響，以及持續數年的超日圓升值之下，儘管美元基準上能維持業績，日圓基準上的營收數字卻大幅衰退，海外事業陷入前所未有的艱難處境。

因此，我向海外團隊做出了這樣的指示：

日圓利差交易下的業績不能再掉，無論如何都要維持現狀。也就是說，以外幣（美元、歐元）交易為主的業績必須成長。

舉例來說，原本是一美元兌一百日圓，超日圓升值導致一美元只兌八十日圓，業績就此掉了兩成。因此必須增加外幣為主的交易額，來補足失去的兩成業績。但是在嚴峻的經濟環境下，要想增加外幣為主的業績無疑是相當艱鉅的任務。具體來說得從兩個方

＊譯注：指向日本銀行借入低利率的日圓，投資於其他高利率或預期收益率較高的金融資產。

向進行：增加高單價產品的業績結構，以及加強這類產品的銷售。

同時，透過四色圖表（見一一三至一一四頁）評估各地區、國家 SEIKO 的品牌價值與市場動向，擬訂各式各樣的市場戰略。

當此之際，為了提高近期獲利且不大幅刪減投資經費，我決定維持一定的投資金額。只不過如此一來，即使外幣為主的業績增加了，營業利益仍會減少。

但在這非常時期，我認為這是短期內不得已的做法，並將提升外幣業績額視為最優先的考量。

當中有個很大的原因是，對於支援 Seiko Watch 的製造商與協力廠商，必須維持其生產線的運轉率。改善製造商與協力廠商所面臨的嚴峻處境，也是我要扛起的巨大使命。

此外，針對各地區，尤其是亞洲，提出大幅開發亞洲市場的方針。

也就是在亞洲市場持續成長下，延續對亞洲的攻勢。

正如我在前一章談到的，這樣的方針讓 Seiko Watch 在全世界海外出口額中，亞洲市場比往年攀升達兩倍之多，美國、歐洲市場也同步擴大。

接下來是**中長期戰略：基本原則是讓海外成為進攻的市場**。

全球腕錶市場規模比起日本當然龐大許多，假使海外業務不見起色，Seiko Watch 就無法重新崛起，更不用說走上全新的成長道路。因此站在中長期經營角度，海外業務必須從原先以中價位帶至普及價位帶產品為主的營運結構，大幅轉換為高價位帶至中價位帶產品。

其中的關鍵就是 Grand Seiko。

再來就是中價位帶的國際品牌 Seiko Astron、Prospex、Presage。

推動高價位帶產品至中價位帶產品為主力的事業改革過程中，面臨到最棘手的課題就是：確保高級百貨商場與精品專門店的陳列櫃位。

為了將高價位帶產品，尤其以 Grand Seiko 為首正式投入、擴大海外市場，不可避免地要確保能在高級通路（賣場）流通。但是在歐美主力市場，Grand Seiko 依舊與中價位帶至普及價位帶產品共同陳列在一般的商場或鐘錶專門店，遲遲無法打入高級百貨或精品店通路。

海外市場中品牌價值較高的部分亞洲地區，例如臺灣和泰國等，儘管 Grand Seiko 和 Credor 已經比先前引進到更多高級精品店販售，店數還是相當有限。這表示 Seiko Watch 在海外幾乎沒有陳列高價位帶產品的通路。

為了解決這樣的困境，首先要讓該國的消費者和通路業者實際看見 SEIKO 的高價位帶產品，進而取得方便人們購入的場所。

正因如此，我決定讓原先已陸續成立的直營店「SEIKO Boutique」，加快全球展店的腳步，同時開設更高級的 Boutique。

此外，還在全球知名大型鐘錶展場「Baselworld」（巴塞爾國際鐘錶珠寶展）上，設置 Grand Seiko 的大型展場，當場示範現代名工組裝鐘錶的精湛手藝，將 SEIKO 的優秀技術，以及 Grand Seiko 身為高品質、高品味的一流腕錶實力呈現在世界面前。

Point

即使處在大逆風，也不能一味採取守勢，而是設定短期與中長期兩階段進攻。只透過短期削減經費勉強擠出的獲利，無法造就明日的成長。

接下來就要談到在國內外享有國際好評、剛上市即一口氣量產並取得好成績的世界上第一款GPS全球定位太陽能腕錶 SEIKO Astron。

我就任事業執行最高負責人之後，國內與海外產品企畫整合成單一團隊，正式開啟我一直念茲在茲的國際品牌企畫案。要說是五十年來畫世代新產品也不為過的 SEIKO Astron，其後正式在全球市場量產。

品牌的命名承繼一九六九年 SEIKO 在全球推出的首支石英錶「Quartz Astron」。

全新上市的 SEIKO Astron 打從一開始就設想了迎向世界市場的企畫。早在發售前一年半，就與國內外部分通路攜手發想縝密的市場戰略，並幾乎在世界各地同時上市。

在國內與海外業務團隊同心協力反覆籌備之下，SEIKO Astron 以重磅級國際名品之姿，一鼓作氣急速拉高銷售業績。

箇中關鍵在於，畫時代新產品上市前縝密的籌備過程。而當時與通路合作推動的全球市場戰略相當重要。

SEIKO Astron 其後在國內外銷售十分順利，可是沒多久競爭對手就發表了具有同樣功能的產品。

到頭來 SEIKO Astron 的銷售狀況也逐漸走下坡。

不過，我最初在一定程度上就曾預想過這個結果。

我很清楚像腕錶這類尖端科技產品，要想永遠推動市場成長是相當困難的事。

而另一方面，Grand Seiko 的重生與急速成長戰略正以穩健地步伐持續進行。

我深深相信，能夠拯救 Seiko Watch 未來的肯定就是 Grand Seiko。

攜手製造商：整合製造與銷售

第四個對策是維持並提高製造商的生產運轉率。

前面主要談到改革海外事業結構的短期對策，例如處在三大逆風仍要維持兩家製造商（精工愛普生〔SEIKO EPSON〕、精工半導體〔ＳＩＩ〕）與協力廠商的生產線運作，重要的是絕不能讓訂單量下滑。對我來說這是重要的使命，並且持續推動國內與海外事業復興。

最終，國內事業提前重生且急速成長，製造商也在海外事業的短期、中長期對策之下，擺脫嚴峻的經營危機，成為共創利益的夥伴事業。

而同一時期，隨著 Grand Seiko 急速成長，兩家製造商的高級工房也擴大規模。

商品企畫的鐵律：新產品的「三種角色」

我就任海外、國內業務本部長，以及事業執行最高負責人之後，針對新產品與產品企畫團隊頻繁開會。

「要上市的是哪個新產品？」

「上市價格？」

「生產訂單數量多少？」

會議當下討論許多事項，再做出決斷。

我在與同仁討論的過程中，腦海不由得浮現出一個疑問：

「說不定產品企畫團隊在看待上市新品上，並沒有非提高業績與利潤不可的覺悟。」至今面世的新產品當中也有許多是賣不好的商品，有時甚至造成庫存過剩的問題，而這些不良庫存正是公司赤字的主因。

因此我詢問產品企畫的負責人：

「這個新產品是能夠扛起業績收益的產品？或只是收支打平的產品？還是具有宣傳效果的產品？在這些產品當中屬於哪一種？」

也就是說，我想了解負責人企畫新產品的目的。

企畫新產品時，必須預先明確定位產品，再行決定下訂量，才能減少日後的過剩與不良庫存。

而且這些都是應該在會議上與全體成員共享的資訊。

所有的商品都可以區分成三種角色。

首先是**「支撐業績、獲利的商品」**。

如字面上的意思，也就是賺錢的主力商品，這類商品的銷售足以左右公司的業績。要讓這類**「支撐業績、獲利的商品」**成為暢品，必須審慎擬訂市場戰略、投入足夠的廣告宣傳預算，並加強業務推廣。

第二種是**「收支打平的商品」**。

這類商品的作用是維持、擴大生產設備的運轉率。換言之就是維持生產線運作，並能降低生產單價的商品。因此在 Seiko Watch 的立場上是不致虧損、卻也不要求大賺的商品，重點在於讓製造商的生產線維持有效率地良好運作，同時有助於降低成本。

第三種是**「具宣傳效果、測試市場的商品」**。

這種是可以展現自家產品技術，達到充分宣傳效果的商品。目的並不在於銷售數字或金額，也可以限量生產。但因為可能出現虧損的情況，必須預先將評估的虧損金額納入整體預算考量。

無論是誰，都希望所有商品能為自己賺到錢，但這樣的想法是錯誤的。有時也會將「具宣傳效果的商品」誤判為能支撐業績收益的商品，因而大舉下訂、生產，導致大量不良庫存。

我記得過去 Seiko Watch 曾經發生類似的案例。此外在「收支打平的商品」上也必須認真經營、擬訂策略。雖說如此，企業有時也會以考量業績、盡可能避免虧損作為營運上的首要戰略。

但重要的是，必須提前準備這些營運規畫，且明確地昭告全體員工。

戰略方法❻

並不是所有的商品都要賺錢！

以商品來說，可以區分成三種角色：

①支撐業績、獲利的商品

②收支平衡的商品

③具宣傳效果、測試市場的商品

與客戶聯手：讓客戶賺錢才是「全方位」最佳經營模式

一般來說，公司最優先考慮的是自身的獲利與業績。

這當然是開公司的唯一正解，只不過偶爾需要轉換視角，**最好能同時考慮到客戶的業績。**

舉例來說，當公司業績衰退時，通常短期應變策略上會先削減經費、確保獲利。

然而，業績衰退也意味著發給製造商或供貨商的訂單減少。

當然，一定要率先保障自家公司的利益，但是若對商業夥伴的製造商或供貨商輕易地減少下訂量或訂購金額，我認為這絕非上策；作為負責銷售的總公司應該要想方設法維持業績，避免發給製造商的訂單減少，盡可能維持生產線的運轉率。

更進一步說，假使能夠讓下訂數量與金額成長，反而可以降低製造商的生產成本，最終降低公司對產品的採購成本。

對於 Seiko Watch 製造商（精工愛普生〔SEIKO EPSON〕、精工半導體〔SII〕）來說，甚至還需仰賴更多的協力廠商。例如生產腕錶零件的各家廠商、製作腕錶收藏盒的廠商，以及印製腕錶型錄的廠商等等。這兩家製造商是我們的事業夥伴，還有更多一路支援的協力廠商，有了它們，Seiko Watch 才能繼續走下去。

我在 Seiko Watch 時總是將這句話掛在嘴邊：

「我經常思考如何讓客戶（製造商、協力廠商，以及通路的零售商等）賺錢並維持他們的工作。」

第四章

Grand Seiko的成長戰略

——第一階段（前半）：喚醒沉睡的獅子

Grand Seiko 的成長戰略：揭開三階段的序幕

終於要開始談 Grand Seiko 的成長戰略了。

成長戰略可以區分為以下三個階段：

第一階段是 Grand Seiko 的產品本身不變，銷售業績在五年內一口氣達成三倍，站穩一流精品腕錶地位。

第二階段是致力開發、擴大高價位帶市場及女性市場，讓 Grand Seiko 成長為與瑞士為首的國外品牌並駕齊驅的高級腕錶。

最後**第三階段**則是讓 Grand Seiko 成為獨立品牌，以國際精品之姿真正推向全球市場。

第一階段會在第四章、第五章介紹，第二階段與第三階段則放在第六章來談。

前面提過 Grand Seiko 是誕生於一九六〇年的 SEIKO 高級腕錶，五十年來銷售相當低迷。

我深深相信，讓素以高精確度、高品質、高品味自居的 Grand Seiko 重生覺醒，是身處三大逆風、一蹶不振的 Seiko Watch 重振業績，以及提升 SEIKO 整體品牌價值的最大關鍵。

因此我決定推翻重來，重新建構 Grand Seiko 的市場戰略，使其在全新的獨立品牌策略之下重生，並急速成長為具國際水準的品牌。

接下來要介紹短期及中長期視野下 Grand Seiko 的重生、成長戰略。

著實可謂一場布局全盤的戰略。

從製造現場的負責人身上感受到的熱情：改變銷售方式就能賣

我最初聽聞 Grand Seiko 這個品牌，是在我剛進公司不久分派特販業務部的時候。一直以來就是個腕錶門外漢的我，連 SEIKO 的高級腕錶品牌 Grand Seiko 和 Credor 都毫無所悉。

我在視察製造商工廠的過程中，有一天出差前往精工愛普生（SEIKO EPSON）位於長野縣的工廠。

那時，工廠的製造部門負責人對我這麼說：

「梅本先生，精工愛普生所生產的腕錶當中，擁有最高品質的莫過於 Grand Seiko。但明明是這麼優秀的腕錶，為什麼總是賣不好呢？我們真的沒辦法為它多做點什麼嗎？」

正因如此，我第一次發現 Grand Seiko 和 Credor 是 SEIKO 兩大最高級的品牌。

然後，我仔細傾聽對方娓娓道來，Grand Seiko 是如何以其高精確度、高品質與高品味成為最高水準的國產腕錶。

可是，既然是最高水準國產腕錶，「為什麼長期以來都賣不好？」「為何銷售這麼差？」

我的內心不禁湧上許多疑問。

另一方面，我感覺自己在三菱商事所養成的商社男熱血魂正蠢蠢欲動著，「說不定**問題出在目前的銷售方式？或許改變銷售方式就會賣。**」

不過我那時才剛進公司。

分派的單位又是以專屬客訂腕錶為主要業務範疇，工作內容既和高級品牌 Grand Seiko 無關，此時自然毫無置喙的餘地。

「我知道了，有一天一定要將 Grand Seiko 賣起來。」

當時我只能如此答覆，但是我永遠忘不了那一天的約定。

在那之後經過很長一段時間，我成為國內本部長，接著就任公司最高負責人的專務執行董事。站上了新的高度之後，我開始思考如何重振並加速Grand Seiko和Credor這兩大SEIKO高級品牌的成長。

此刻，我回想起當年精工愛普生負責部長的熱情，「一定要讓所有人都看見Grand Seiko這樣的一流精品腕錶！」我暗暗下定決心。

確立了Seiko Watch的全新方針與戰略，我和精工愛普生的最高負責人見面，詳談今後的方針、戰略，以及執行策略。

如前所述，Seiko Watch的業績大幅滑落，營業利益也急遽降低，當此之際能做的，就是無論如何也要確保足夠的營收。

然而，製造商精工愛普生的腕錶事業陷入相當嚴峻的危機，於是我對精工愛普生的最高負責人這麼說：

「務必再給我一點時間。透過這個方針與戰略，不僅可以快速回復 Seiko Watch 的業績，同時也能增加下訂量。一定要讓精工愛普生的腕錶部門成為創造利益的事業。」

之後，Seiko Watch 的業績連續六季成長、業績翻倍，營業利益來到四倍高點，與此同時，精工愛普生腕錶部門的業績也快速翻升。

當中扮演起關鍵角色的 Grand Seiko 就此引領全公司前行。

Grand Seiko 為何是國產腕錶的頂峰？

第一代 Grand Seiko 誕生於一九六〇年。

秉持著「打造世界通用的高精確度、高品質腕錶」的精神在全世界推出。

這款腕錶結合日本手作最高技術與匠人工藝，比起一般的量產腕錶，可謂截然不同水準的產品。

Grand Seiko 的高級石英錶評價很高，不僅容易判讀時間、精準度高，而且配戴起來相當舒適。

要實現這些目標，手藝、結構與技術缺一不可。

接下來要談談 Grand Seiko 三種等級的機芯，以及那巧奪天工的精湛技藝。Grand Seiko 可以分為**石英機芯**、**機械機芯和原創的 Spring Drive 機芯**。

石英（9F系列機芯）錶依靠電池作為動力來源，然而身為擁有世界最頂尖性能的高級石英錶，比起一般的石英腕錶，搭載了更多特別的組件。

石英腕錶擁有最高水準的精確度、精準換日的瞬跳功能、可比擬機械錶轉動寬大金屬指針的扭力，並提高秒針對準刻度位置的精確性等等，可說是具有極高精確度與超凡品質，是值得誇耀的頂級國產石英錶。

機械（9S系列機芯）錶則是擁有世界最高水準精確度的高級機械式腕錶。

由二至三百個獨立零件所構成，為了確保每一個零件的精密度，會先個別進行加工測試，再由職人以極為精湛的手藝逐一組裝完成。

Spring Drive（9R系列機芯）錶的動力來源和機械錶一樣，來自主發條釋放的力量，透過石英水晶震盪器產生正確的訊號來掌控精確度，為SEIKO獨有的速度控制機構。

Spring Drive 可說是結合機械錶與石英錶兩者優點的混合型腕錶。

換句話說，既是擁有高精確度的機械錶，同時也是不需電池或其他動力來源的石英錶。

精工愛普生（SEIKO EPSON）和精工半導體（SII）高級工房中的職人擁有最高水準的技藝。他們對於自己使用的銼刀和螺絲起子等工具，也擁有一以貫之的堅持，甚至會自製符合手感的工具。

而且為了盡可能不傷到鐘錶，一天內還會將工具打磨數次以上。

即使是如此堅持高品質所打造出來的產品，五十年以來仍舊銷售不振。

這就是因為缺少銷售戰略。

所以銷售戰略正扮演了如此重要的角色。

戰略方法 7

好產品不見得會賣！

就算是再好的產品，也不一定賣得好。

以五十年來銷售低迷的 Grand Seiko 來說，儘管產品本質沒變，只要改變銷售方式，就能在短短五年躍增三倍業績。

關鍵在於如何擬訂並執行銷售戰略。

「銷售現場」的現狀與課題

如前所述，Grand Seiko 是世界頂尖腕錶，然而長期以來卻銷售不振。這也意味著，就算是再好的產品，也不一定賣得好。

主要原因之一就在於銷售端。

先來談談執行全新市場戰略之前，以 Grand Seiko 為首的三大高級品牌當時在銷售端遇到的課題。

Seiko Watch 擁有三個奢華的高級品牌商品。

也就是 Grand Seiko、Credor，以及新面世的 Galante。

當時每個品牌在銷售上都有專屬的市場行銷策略。

例如 Grand Seiko 就在全日本的零售店家（百貨公司和精品專門店等）販售。

Grand Seiko 當中有些特殊款式會在主要特約商家販售；Credor 和新產品 Galante 則分別在各自的特約商店販售。

尤其在高級百貨商場的店家，由於 Credor 長久以來擁有銷售實績，有些通路會陳列出獨立的 Credor 櫃位；可是針對 Grand Seiko 卻僅僅保留有限的陳列面積，並且很接近一般 SEIKO 產品的陳列，完全無法彰顯存在感。

至於新品牌 Galante，也只在部分高級百貨公司、鐘錶專門店裡販售。

這也表示，儘管 SEIKO 的三個高級品牌確實擁有各自的獨立展售空間，陳列範圍卻不算大，而且大多陳列在 SEIKO 平價產品的附近。

每個品牌各自陳列在不同的地點，由此可知真實的情況是 SEIKO 作為一個成熟的高級品牌，並未擁有獨立的展售櫃位。

不過我也要談談優點。全國的高級百貨公司與專門店都相當肯定 Grand Seiko 和 Credor 這兩種 SEIKO 精品腕錶，因此雖然陳列面積有限，依舊保有一定的展售空間。

只不過在這樣的情況下，Grand Seiko 長期以來買氣低落，Credor 也不如以往，業續持續衰退。

結果導致無論是銷售方的 Seiko Watch 抑或兩家製造商，都在精品事業上面臨慘澹的收支困境。

在石英錶、機械錶，以及 Spring Drive 都擁有世界頂尖水準的 Grand Seiko，明明是如此優秀的腕錶，為何只能攻占如此有限的銷售點呢？答案很簡單。

零售商也是一門生意。

賣得好的商品和其他賺錢商品一起陳列，可以讓業績更好。而**無論 Grand Seiko 本身是多好的腕錶，一旦賣不好，就無法為店家帶來生意**。

在此想稍微談一下網路事業。

SEIKO 腕錶當時也在網路上販售，我在第一章曾提到擔任國內業務的特販業務部長時期，促成網路事業快速成長。

然而**對於高級腕錶品牌來說，基本上在實體店鋪陳列展售是絕對必要的**。

關於品牌經營，我會在第六章詳細解說。所謂高級品牌擁有**「情感的價值」**，也就是能在情感上獲得消費者的共鳴。因此重要的是，無論如何必須陳列在好的通路，以凸

現狀

（例：高級零售店）　　銷售現場（平面圖）

壁面　高級國外品牌

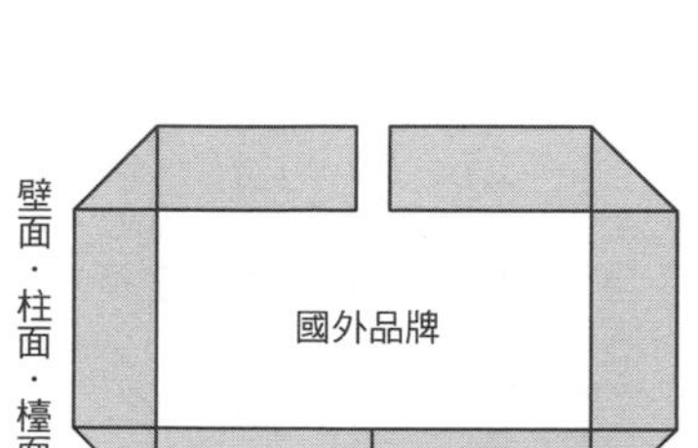

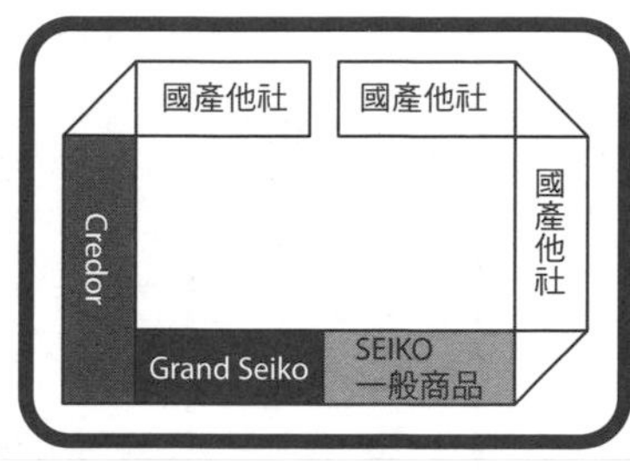

顯精品特殊的存在感。

接下來針對銷售通路重新梳理一遍。

第一章已經提過，過去 SEIKO 市售的石英錶賣到全世界時，日本國內的高級百貨商場和精品店等優質通路都為 SEIKO 腕錶保留良好的展售空間。

隨著消費者對品牌腕錶的熱度提高，腕錶的進口關稅降低，以瑞士為首的國外腕錶紛紛打起高級機械錶的「品牌策略」，大舉進占高級百貨商場和鐘錶專門店等優質通路至今。

換言之，SEIKO 失去了良好的銷售通路。

這也導致無論在當年或現在，高級百貨商場和精品店都將瑞士等國外品牌腕錶陳列在店內最好的場所販售。

好的商品陳列在好的位置，才能讓消費者第一眼就停下腳步。以瑞士為首的國外腕錶紛紛陳列在店內最好的位置，而很遺憾地，當時 SEIKO 的三大高級品牌並未擁有如此待遇。

我深切地感受到，眼前最重要的就是讓 SEIKO 精品腕錶陳列在店頭的最佳銷售點，並且再次體會到這正是當下最重要的課題。

無論是品質再好的商品，一旦賣不好就無法陳列在好的位置；然而失去了好的位置就會賣不好。因此首要之務是確保良好的銷售通路與陳列。

Point

好商品不一定賣得好！
但上不了好檯面的商品一定賣不好！

目標對象是「不關心手錶的人」：抓住「潛在需求顧客」

接下來終於要談到 **Grand Seiko 成長戰略的第一階段**。

我第一個思考的問題是：

「要賣給誰（消費者）？」

SEIKO 是一家販售腕錶的公司，理所當然地應該賣給腕錶零售商家。那麼除此之外，SEIKO 的消費者屬於哪些族群呢？

還有，Seiko Watch 打算將什麼樣的消費者視為目標市場，進一步推廣 Grand Seiko？

這要從兩個視角來思考。

日本＊純金融資產持有額的家戶數與資產規模

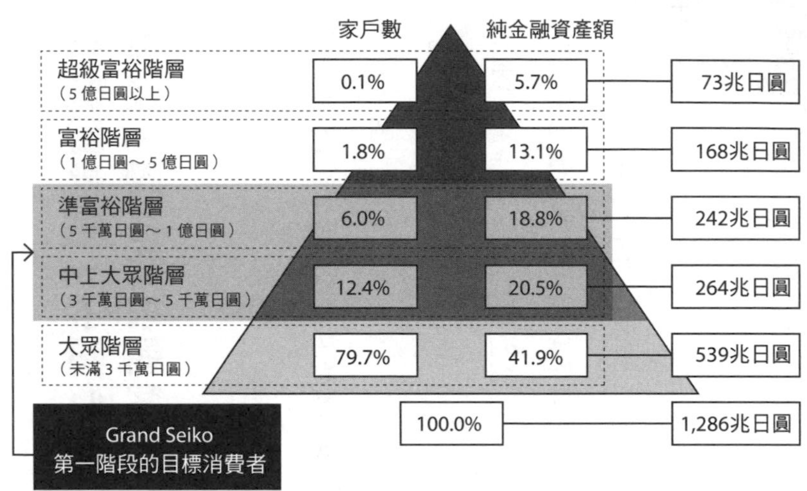

＊純金融資產（儲蓄存款、股票等）—住宅貸款等
出處：參考野村綜合研究所新聞資料（2014 年 11 月 18 日）由作者製表

第一個視角，先從整體消費群中找出目標階層。

當時 Grand Seiko 主要價格區間落在二十萬至六十萬日圓（當時約臺幣七萬至二十三萬）；當然也有少部分是接近或超過百萬日圓的高價商品，不過三種等級產品的價格區間約莫落在二十萬至六十萬日圓。

那麼，**有可能購入此價位區間商品的核心族群位在哪一個階層呢？**

如上圖所示，可以發現核心族群是中上大眾階層與準富裕階層。

圖表中金融資產較高或較低的消費者，也是很重要的需求族群。

透過對核心目標消費族群的設定，進一步評估產品企畫和廣宣行銷策略是相當重要的一環。

第二個視角是兩大需求階層。

也就是**「需求顧客（腕錶愛好者）」**和**「潛在需求顧客（對腕錶不感興趣的人）」**。

購買腕錶的消費者當然是喜歡腕錶的人，這也是主要的需求階層。然而，我忽然有個想法，Grand Seiko 這五十年來銷售如此低迷，是否和採取了僅僅以腕錶愛好者為目標市場的銷售戰略有關呢？

當然，當時 Grand Seiko 仍在高級百貨商場展售，只不過陳列位置不佳，幾乎無法凸顯存在感。

如此一來，不僅降低了接觸到腕錶愛好人士或一般消費者的機會，更不用說在人們眼前展現其傑出的品質。過去 SEIKO 曾在高級百貨公司擁有良好的展售櫃位，卻在瑞士等國外品牌的攻城掠地下，慢慢失去了這些好陳列。只有少數腕錶愛好者仍然肯定 Grand Seiko 的高精密度、高水準與高品味，持續購藏。

可是這樣的銷售規模依舊不夠。

所以我換個方式思考：「雖然並非腕錶愛好人士，卻仍擁有購買腕錶的實力，只是目前對腕錶並不感興趣的消費者，如果是這樣的人呢？」「哪些人是這樣的消費者呢？」

我隨即發現：

「哎呀，那不就是我嗎？」

我剛進公司時，對品牌腕錶可說一無所悉，手上輪流戴的也只是普及價位帶的SEIKO 和另一家國產腕錶。

就是這樣，來賣 Grand Seiko 給像自己這樣的消費者吧！

我將**和我一樣不了解腕錶或不感興趣的人稱作「潛在需求顧客」**。

這些並不特別了解腕錶相關知識的「潛在需求階層」的消費者，自然也不清楚Grand Seiko 的優點。

於是，我開始思考針對這些消費者的 Grand Seiko 銷售戰略。當然腕錶愛好者肯定是最大的核心需求，但是我確信**「潛在需求顧客」的需求很可能成為龐大的消費主力。**

兩個目標需求階層

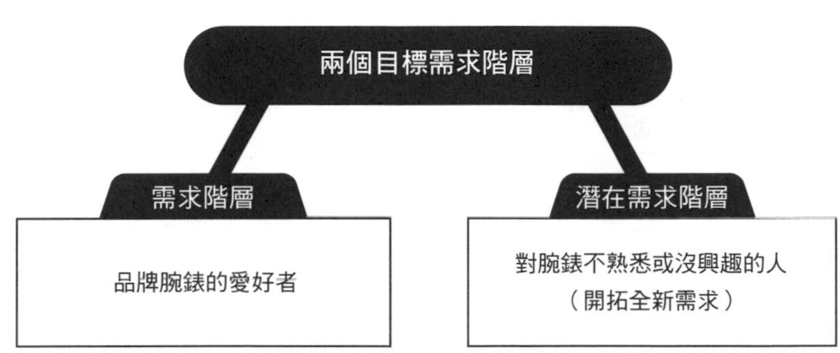

接下來另一道視角也衍生了兩個需求層次。**「紀念日需求」和「年輕人需求」**。「紀念日需求」指的是人們結婚或退休等特殊場合上需要致贈的禮品需求。我決定鎖定這類需求，讓 Grand Seiko 成為這類禮品的選項。

再來是「年輕人需求」，攻占這類需求是相當重要的戰略。一直以來 SEIKO 的消費族群通常以中高年齡層居多，但我認為今後絕對需要進一步開拓年輕的消費市場。例如前面談到的中國市場，**能夠取得年輕世代認同，在搶得未來市場需求的先機上相當關鍵。**

戰略方法❽

「潛在需求顧客」是隱形的大量需求市場

目標顧客分成兩種需求層次：

「既有需求顧客」和「潛在需求顧客」。

那麼，要如何賣給這些原本對腕錶不感興趣或一無所知的「潛在需求顧客」呢？

這就進入了**十分重要的品牌打造階段**。

也就是在腕錶的需求上，我們應該如何搶攻位居核心消費者的中上大眾階層與準富裕階層市場？

以及該如何喚起原本對腕錶不感興趣的「潛在需求顧客」的需求？

最後是該怎麼做才能有效觸及並吸引年輕世代？

以上都必須擬訂全新的戰略。

因此，首要之務是收復高級百貨公司等優質銷售點，其次有必要調整廣告文宣定位，做出令人印象深刻的內容。

我在這一章會談到收復優質銷售點的做法；至於廣宣內容的大換血，或是儘管遭到公司內部強烈反對、仍下定決心找來達比修有選手代言等，都是遠比過去來得更為大膽的宣傳手法。我將在第五章詳細說明。

收復並擴大銷售現場：首先打造規模較小的成功案例，不斷累積實績

第一階段的下一個戰略是：收復並擴大更好的銷售現場。

如同前面談到的，我已經了解到目前在銷售端遇上的最大課題。高級百貨公司或鐘錶專門店會以瑞士為首的國外名錶陳列在店內最好的位置販售，而好商品若能陳列在最好的位置，就能讓消費者第一眼注意到。

不過該怎麼做才能重新搶占這些好的銷售點，並進一步擴大呢？

提示就在公司裡。正是公司裡的部屬給了我這樣的啟發。

我擔任國內業務本部長時，不斷思考如何提高 Grand Seiko 和 Credor 這些高級品牌的銷售，以及為了做到這一點，又該如何重新搶入高級百貨商場等優質通路。

有一天，國內業務負責人C先生和負責產品企畫的D先生前來找我商談。

他們兩人向我提出了以下的點子：

現在在高級百貨公司等銷售櫃位，Grand Seiko 和 Credor 主要陳列在一般的平臺販售，而這類平臺和陳列 SEIKO 中價位帶至普及價位帶商品的展售點離得很近，旁邊還擺著國內競爭對手的商品。

其實高價位帶的 Grand Seiko 和 Credor 原本並非與這些商品共同陳列，而是在更好的櫃位。可是如今業績持續低迷，儘管百般不情願，也只能接受高級百貨公司或專門店輕易地移動或分散銷售點的現實。

為了解決這樣的困境，希望能夠成立「SEIKO Premium Watch Salon」。

具體來說，**是要打造一個只陳列 Credor、Grand Seiko 以及新上市的 Galante 這三個 SEIKO 高級品牌的精品鐘錶專櫃**。

亦即規畫一個和目前一般 SEIKO 商品及鄰近陳列點區隔開來，並且陳列三個高級品牌的獨立櫃位。而且地點要盡可能在瑞士品牌等國外腕錶櫃位附近。我們希望以此為目標著手進行。

我聽完兩人的想法，立刻做出決斷：「這點子可行，非做不可！」只販售 SEIKO 三大高級品牌的精品鐘錶櫃位 SEIKO Premium Watch Salon 就此誕生，成功和目前一般的 SEIKO 商品做出了區隔。

這正是「差異化策略」，也是所謂「顛覆競爭規則」的商場戰略。

接下來，我們針對 SEIKO Premium Watch Salon 的設櫃策略進行具體討論，隨後進入成長戰略的第二階段。

最後拍板定案，**目標是在全國高級百貨公司、鐘錶專門店等銷售據點成立三十個 SEIKO Premium Watch Salon**。

我將實際執行進程以及第一階段和第二階段，以圖解的方式呈現如下頁。

首先是**第一階段的差異化策略、顛覆競爭規則策略**。

目標是打造出與一般商品有所區隔、只展售 Grand Seiko、Credor 和新商品 Galante

銷售現場的進程

現況

SEIKO Premium Watch Salon 開設前

SEIKO Premium Watch Salon

第一階段

設置精品櫃位賣場
（和一般商品的差異化）

第二階段

移動到更好的精品櫃點、擴大陳列面積（包括壁面等）
（確保與一般國外精品共同陳列的位置）

這三種高價位帶品牌的獨立精品櫃位。

這是開設 SEIKO Premium Watch Salon 的第一步。

而且若能結合這三種高級品牌，獨立精品櫃位的提案才有可能獲得百貨商場等零售商認同；光憑當時的 Grand Seiko，並沒有單獨取得比現在更好的銷售櫃位的實力。

在第一階段，透過成立 SEIKO Premium Watch Salon **提高品牌價值，並鎖定前來腕錶櫃位的消費者，凸顯 SEIKO 三大高級品牌的存在感**。

當然，目的還是藉由這樣的方式來提高業績。

Point

顛覆銷售現場的競爭規則（差異化策略）。

接下來是**第二階段**。

這一階段的難度很高。

在第一階段，透過設立 SEIKO Premium Watch Salon 來提升超乎期待的業績，以及百貨公司等零售商陳列宣傳，進一步保障更好的銷售場所。

具體來說，也就是必須和以瑞士為首的國外名錶，在同樣的地點陳列販售。舉例來說，將賣場的壁面也打造為品牌門面，延伸出比第一階段更大的陳列空間，並透過與國外精品腕錶陳列在同樣的地點，拉高品牌價值。

對於前來購買國外腕錶的消費者來說，如果能因此注意到旁邊的 SEIKO Premium Watch Salon 而停下腳步，接觸到 Grand Seiko 等三種高級品牌的機會也會大大提升。

第一階段：SEIKO Premium Watch Salon
（成立三品牌的櫃位）

第二階段：SEIKO Premium Watch Salon
（確保更好的銷售位置、擴大陳列面積）

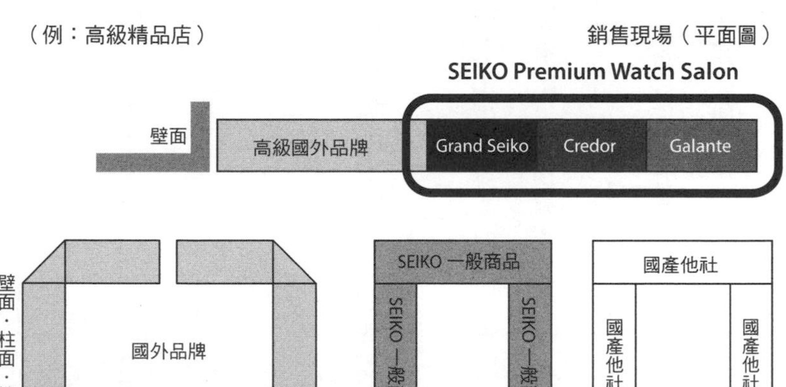

不過，若想設立 SEIKO Premium Watch Salon，還需先和全日本高級百貨商場及承租的零售商與高級精品店進行洽談。

SEIKO Premium Watch Salon 是前所未見的全新櫃位提案，要輕易讓通路接受並不容易，我已然預期到這將是一場艱困的交手。

此外，還有一個尚待解決的課題。

成立 SEIKO Premium Watch Salon 的過程中勢必需要添購不少物品，因此必須額外撥出經費。

然而，當時 Seiko Watch 業績大幅衰退，籌措經費上相當困難。但這可是決勝的關頭。於是我下定決心，即使之後必須刪減別的經費也要擠出這筆預算。

我認為即便這是難度相當高的挑戰，但透過在各家高級百貨公司與精品店設置 SEIKO Premium Watch Salon，正是解決 Grand Seiko 業績低迷並起死回生的策略。

於是我決定將兩位部屬充滿熱情的企畫，作為接下來的戰略。

「我想這個企畫並不好辦，所以得卯起來拚了！」

我給了兩位部屬肯定的答覆後，又和他們進行了各式各樣的討論，最後決定首先第一階段是全力投入 SEIKO Premium Watch Salon 幾個櫃點的設立。

一旦順利設立，三大高級品牌共同陳列販售，到時也需傾全社之力投入吸引消費者購買的大量行銷資源。

反過來說，即便大費周章設立 SEIKO Premium Watch Salon，銷售上仍屢屢碰壁或不見起色，就可能淪為高級百貨商場和承租的（零售商或）精品鐘錶店眼中所謂的對業績與利潤難有助益的品牌。最壞的情況是，不僅失去了好不容易談來的櫃點，往後也很難再次取得同樣的機會。

不能失敗。無論如何都要讓櫃位的業績率先攻下一城。我對兩位部屬做出了這般強硬的指令，不過全部的責任都將由身為事業負責人的我一肩扛起。這是我堅定不移的決心。

接下來，兩位部屬和業務本部及企畫本部的精品團隊成員同心協力，前往全國各地高級百貨公司與承租方（鐘錶零售商），以及高級精品店進行洽談。

這當中有個好消息。就在這兩位部屬帶著 SEIKO Premium Watch Salon 提案來找我商談期間，正好關東地區一家高級百貨中實驗性質的精品專櫃落成，隨後也做出了更好的成績。因此，**雖說只是小小的成就，團隊也視為向全國高級百貨商場與專門店提出實際成績的談判方針。**

可是在這之後，團隊成員雖然奔走全國各地，使盡渾身解數與店家交涉，卻沒有任何一個零售商願意接受提案。

但我還是不斷鼓勵團隊：

「一定可以的。至少先拿下三個櫃點，絕對可以做出成績。即使一開始空間小也不打緊。不打造成功案例的話，就很難推進下一間店。所以無論如何繼續拚。」

Point

打造成功案例！小小的成果也無妨，首要是穩健地累積實績。

此時，業務負責人C先生將各家百貨商場的改裝時間徹底調查了一輪。因為一旦卡在改裝時期無法宣傳銷售，就更難開發新的櫃位。

舉例來說，「那家百貨公司已經兩年沒換櫃改裝了，應該差不多要開始了」，像這樣從一年前就著手蒐集這類業界情報，將目標放在這類百貨商場，並以「想對改裝出點力，請務必參考 SEIKO Premium Watch Salon 的提案」積極請託、洽談。

實際上，願意設立 SEIKO Premium Watch Salon 的百貨業者當中，其中有兩家店正好當年都遇上店內改裝。

Point

抓住商場改裝的機會，不能錯過這個絕佳的時機。

業務負責人C先生擁有驚人的意志力，持續不懈地與百貨商場一再進行洽談。他帶著櫃位的設計圖四處奔走，讓對方感受到「一起打造出這樣的專櫃讓銷售長紅」的決心，即使碰壁也毫不氣餒繼續挑戰。

另一方面，一旦敲定櫃點，我會立刻要求團隊全力支援，提升店家銷售。這就是**「先讓客戶賺錢」**的道理。

我和C先生和D先生這兩位負責人立下約定：

「賣不好就會出局。無論如何都要拚命支援店家，必須大賣！衝了！」

大約過了一年，SEIKO Premium Watch Salon的提案終於獲得店家的認同。總共三家店，包括名古屋和大阪的高級百貨公司，以及京都的精品專門店。

這都是Seiko Watch的業務、企畫團隊盡一切努力鴨子划水的成果。

我對於最初認同提案並願意設立SEIKO Premium Watch Salon的三家店，一直抱持著飲水思源的心情深深感謝著。在Seiko Watch公司內部，我也不斷對員工說：**「絕不能忘記這三家店的恩情，並且要時刻感念。」**

Point

絕不能忘記飲水思源（客戶）。

要讓客戶賺錢。

之後我擔任代表取締役、事業執行的最高負責人，依舊持續擴點 SEIKO Premium Watch Salon，並強化行銷宣傳。

而這也定調為接下來 Grand Seiko 成長戰略中最重要的對策。

在幾家店設點成功之後，接下來再從五家店、七家店穩健地擴店，而我們三人最初討論時希望達到的第一個目標就是十家店。

這是因為一旦要貫徹執行廣告宣傳活動，若不足十家店，廣告效果也會隨之減半。簡單來說，就是相較於花在行銷宣傳的費用，難以到達期待的成效（業績）。在業績跌入谷底的當下，即使是一塊錢也不能浪費。好不容易設立了 SEIKO Premium Watch Salon 之後，卻沒有資源促銷，自然無法提升店家的業績；最壞的情況是煞費苦心設置的專櫃得面臨撤櫃的風險。

另一方面，如果只有五家店或七家店，宣傳效果不足，同時投資的成效也不彰。當時的我可說是懷抱著如履薄冰的心境。

可是事到如今只能撐下去。儘管當前無法投入大規模宣傳預算，但在到店消費的促銷策略上，還是盡可能從有限的預算中編列經費，無論如何都要在擴展到十家店之前，撐過這段時期。這是業務、企畫團隊團結一致努力打拚的每一天。

來吧！一決勝負：一旦成功案例超過目標的三成，就一鼓作氣進攻

SEIKO Premium Watch Salon 好不容易開張了三家店，團隊依舊持續著艱苦的奮戰，最終總算成長到五家店。可是這還不夠。即使想投入廣宣作戰，銷售據點太少也無法達到充分的宣傳效果。

在這之後，以C先生和D先生為首的兩位專案負責人，率領國內業務本部與產品企畫本部的精品團隊更積極投入，全力與高級百貨商場及承租方的零售商負責人，以及精品專賣店社長持續洽談。

開發 SEIKO Premium Watch Salon 新櫃點的同時，也必須確實提升已開張店家的業績。

一旦端不出實績就可能面臨撤櫃的風險，為了避免這最壞的結果，全體員工只能咬

緊牙關撐下去。

同時，也讓新櫃點優先引進新上市的商品，或是 SEIKO Premium Watch Salon 獨家限量版商品等等，盡可能強化商品面的支援。

接下來第七家店、第八家店陸續開張，就在第十家店即將成定局的關頭，我打從心底深切感覺到：這條路辦得到！

終於來到決戰時刻。

此時，藏在我心中的是將 SEIKO Premium Watch Salon 第十家店視為成敗之役的決心。擁有一百手*的戰略足以左右戰局。然而當此之際，沒有人察覺到我的戰略。

這很可能正是所謂上班族人生中，十年一次的關鍵作戰。

我暗暗下定決心：

「接下來要一口氣成立三十家店！」

*譯注：日本將棋的規則是一方走一著棋為一手，雙方各走一著共計兩手，因此一百手約五十回合。一般而言，下一盤將棋的平均手數約在一百二十手前後，作者藉此表達在戰局中率先預測情勢發展即有助於最終的成功。

第五章

Grand Seiko的成長戰略

——第一階段（後半）：確立一流品牌的地位

五年內業績翻三倍：一百手的「戰略」思考

接下來要進入第一階段的後半部。也就是 Grand Seiko 如何重新崛起、快速成長，並且以既有的錶款於五年內業績翻轉三倍的重生之路。

在C先生和D先生兩位負責人帶領國內業務、產品企畫精品團隊全力投入之下，業績終於傳來捷報；SEIKO Premium Watch Salon 也從最初開設的三家店，進展到五家店、七家店，終於來到我內心早已盤算好的計畫執行階段。

直到開設第十家店，都是國內業務、產品企畫精品團隊的「勞力作業」。也就是拚了命地請託經銷商設立 SEIKO Premium Watch Salon。可是若只是一味採取同樣的方式，沒辦法達成三十家店的目標。

因此，**再來要採取「戰略」。一鼓作氣將 SEIKO Premium Watch Salon 擴點三十家店，讓核心品牌 Grand Seiko 茁壯為頂奢精品品牌**。下面就要來談到這個獨立的市場行銷戰略。

首先是戰略前提，以及我的觀察與分析。戰略前提包括以下兩大重點：

市場環境

我在第三章提過，日本國內的腕錶市場近八成為國外品牌，當中大部分是以瑞士製作為首的精品腕錶。對我來說，這正是以 Grand Seiko 為主力，搶占精品市場大量需求絕佳的機會。

商品

這裡談的是商品本身的品質，亦即「是不是足以和世界精品腕錶競爭的高品質腕錶」。

答案當然是 Yes。

Grand Seiko 擁有高精確度，也被譽為擁有高品質、高水準的國產最高峰腕錶。

其次是我的觀察與分析。

首先最重要的一點，日本的高級百貨公司及其承租的零售鐘錶商，還有高級專賣店等相關從業人員也很清楚：Grand Seiko 的確是極度優秀的腕錶，而且是與瑞士等國外精品並駕齊驅，甚至品質更好的國產最高級腕錶。

可是真實的情況卻是長年來賣不好。

也就是我們前面所提到的**「好產品不見得會賣！」**。這是為什麼呢？

因為**「通路想賣的是會賣的商品，想進的是會賺錢的商品。」**

Grand Seiko 確實是很棒的商品。可是通路採購了不會賣的商品也賣不動；就算進貨來賣，也不會提供充分的展售平臺。

相較之下，國外精品腕錶大受歡迎。不僅好賣，周轉率快，又賺得到錢（提升業績、利潤）。

說穿了，通路想賣的是有利可圖的錶款。所謂「通路想賣的是會賣的商品，想進的是會賺錢的商品」是理所當然的事，換作我是通路，肯定也是如此。

Point

通路想賣的是會賣的商品。
想進的是會賺錢的商品。

那麼，應該採取什麼樣的對策才好呢？

答案是，Seiko Watch 必須運用戰略，打造 Grand Seiko 為暢銷商品。首要之務是成功案例，最好能夠讓通路都覺得「想要採購這麼暢銷的品牌，提供 Grand Seiko 良好的陳列平臺」。

因此「思考並執行打造暢品策略」，是我刻不容緩的任務。

目標即在於建立以下銷售的良性循環：

Seiko Watch 運用戰略

←

喚起消費者的需求（「需求階層」與「潛在需求階層」）

↓

Grand Seiko 在通路大受歡迎

↓

- 由於 Grand Seiko 賣得好，已開設的 SEIKO Premium Watch Salon 櫃位面積變大（第二階段：移動到更好的位置）
- 同一時期，在新通路開設 SEIKO Premium Watch Salon

↓

Grand Seiko 的價值感提升

↓

Seiko Watch 持續運用戰略

↓

進一步喚起消費者的需求（「需求階層」與「潛在需求階層」）

↓

Grand Seiko 在已開設與新開設的 SEIKO Premium Watch Salon 賣得更好

↓

・由於 Grand Seiko 賣得更好，已開設的 SEIKO Premium Watch Salon 櫃位面積變得更大（第二階段：移動到更好的位置）

・同一時期，在更多通路開設 SEIKO Premium Watch Salon

↓

Grand Seiko 的價值感再次提升

像這樣形成良性循環。

其實這做法誰都想得到，可是一直以來公司內部從未有人以這樣的觀點進行分析，並且進一步執行。但如同我先前所提到的，**商品本身的優良品質是絕對必要的前提。**

Point

打造成功案例，形成銷售的良性循環。

橫亙在眼前的兩大課題

執行戰略之前，要先克服兩大課題。

第一道課題，假使接下來執行的戰略準確命中客戶的需求，Grand Seiko 大獲好評且熱銷不斷，在這樣的情況下一旦來不及補貨，店家就沒有現貨可販售。也就是面對庫存不足時的缺貨因應對策。

站在製造與銷售商的角度，通路端的缺貨是相當嚴峻的問題。不僅會讓好不容易來店購買的消費者撲空，還會失去通路的信賴；以廠商的立場來說更是巨大的損失，廣宣費自然也白白浪費了。無論如何，必須擬訂預防斷貨的因應策略；然而，假使造成大量的庫存又是一大問題。對此我相當苦惱。

當時，Grand Seiko 從向製造商下單到完成品入庫，前後時程約莫六至八個月。包括製造大量 Grand Seiko 專屬零件，交由擁有精湛手藝的職人組裝，是一道道慎重且精細的工序。

因此，如果商品在通路一口氣大暢銷，製造商短時間內就算二十四小時趕工也趕不出來，必然會造成店面斷貨的情況。唯一的對策還是事先大量生產，備好充足的庫存。

第二道課題，如何喚起消費者的需求。

為了向社會大眾展現 Grand Seiko 的魅力，必須運用戰略性對策，同時投入大筆廣告宣傳費用。不過，Grand Seiko 的業績長年在谷底徘徊，一直以來都是從有限的預算中想方籌措相關經費，投入 Grand Seiko 和 SEIKO Premium Watch Salon 的行銷宣傳；可這次肯定需要投入更龐大的宣傳經費。

要如何籌措這些費用，正是我該慎重思考、克服的第二道課題。

戰勝課題：高級錶款急增兩倍訂單，但是不能輕忽風險管理

要怎麼做才能更好地解決這兩道課題？

首先我做出決斷，投入大量廣告預算推廣的 Grand Seiko 錶款，定價必須符合需求階層預算的價格；合適的商品正是高級石英錶（９Ｆ機芯）。

我在第四章提過，目標市場的消費者包含兩個需求階層（「需求階層」和「潛在需求階層」）。我判斷一開始向這些需求階層推廣的錶款，價格區間最好是二十萬日圓至六十萬日圓的高級石英錶（大部分為二十萬日圓）。

假使要讓「潛在需求階層」顧客受廣告宣傳吸引成為消費主力，符合其預算的價格相當關鍵。

還有，在 Grand Seiko 的三種機芯當中，９Ｆ機芯的零件數量較少，是當前最適合

增產的錶款。

因此，宣傳上要從高級石英錶著手，接著是高級機械錶（9S），最後才是高級Spring Drive（9R）。

事實上為了解決第二道課題，我內心早已有個祕密策略。事不宜遲，我找來精工愛普生當時的腕錶事業部E部長單獨面談。當時我對他說：

「SEIKO Premium Watch Salon 終於要達成十家店的目標了。可是，接下來才是成敗關鍵。我打算加快展店速度，一口氣朝三十家店邁進。眼看明年要開始衝刺了，得預先做好準備。

「為了明年的銷售，我預計向精工愛普生下訂今年兩倍的數量！」

E部長聽了，彷彿要從椅子上摔下來，隨即問我：

「一直以來 Grand Seiko 銷售都相當低迷，對於 Seiko Watch 突然間向精工愛普生發下多達兩倍的訂單深感意外。精工愛普生當然非常感謝，可是兩倍的數量絕非小數目，加上 Grand Seiko 又是高價位帶商品，將是相當龐大的金額喔。我想梅本先生心中應該已有所對策，但真的沒問題嗎？」

對此我回答：

「沒錯，我有全盤的戰略。兩倍的訂單就這麼決定了，我也會負起所有的責任。」

當然這些決策都已跑完公司內部的流程，最終會由我扛起所有成敗責任著手執行。

接著，我對腕錶事業部E部長說：

「不過，我想拜託精工愛普生一件事。兩倍的訂單量雖然會多少增加貴社在籌備增產上的費用，但另一方面透過這兩倍的龐大產量，製造商的製造成本也將大幅下降。當中的好處可說相當大。

「我過去在三菱商事從事鋼鐵貿易業務時，經常前往鋼鐵商的製鐵所，以及電動車、電機製造商客戶的工廠。很清楚當製造商承接大量訂單後，支出成本（金額）將大幅下降。

因此才向E部長提案。

貴社因製造成本降低所獲得的利潤，可否由精工愛普生和 Seiko Watch 平分呢？也就是說，百分之五十為精工愛普生的獲利，剩下百分之五十就回饋給 Seiko Watch。

我並不打算將這百分之五十的回饋視為 Seiko Watch 的收益，而是要全數投入廣告宣傳開銷。」

在這之後，我和E部長針對如何避免大量庫存進一步討論，並且得出了結論：關於這兩倍的訂單，進行必要零件的製造與採購；但是不要一次將所有零件組裝成 Grand Seiko（成品）。

換言之，**在兩倍的訂單當中，百分之五十為生產完成入庫的成品，剩下百分之五十為等待生產、尚未組裝完成的庫存零件。**這剩下的百分之五十會視 Seiko Watch 的銷售狀況隨時生產，以期在第一時間補貨。在此前提之下，由於交貨期約一至兩個月，足以因應銷售即時生產。

不過，Grand Seiko 的零件幾乎都是專屬零件，無法使用在其他的型號錶款，還是存在庫存零件的呆滯風險。在此我也考慮到風險規避（risk hedge）。

我假設今年業績最差的營收和去年一樣，並計算出風險總額；有了這樣的風險額度範圍之後，就能預先掌握 Seiko Watch 所能承受的實際風險。

透過前文中提到的各種判斷與分析，我做出了下訂前一年兩倍訂單的決斷。

進行龐大風險的投資時，必須事前預估最大的損失金額，判斷這樣的損失是否符合自家公司的承受範圍。我對於相關風險了然於胸之後，才做出了這次大膽的決策。

Point

進行龐大風險投資的時候，必須事前估算出最大的損失金額。

對於製造商而言，只要訂單量增加、生產線維持運作，就能帶來很多好處。而在成本降低的情況下，無論對製造商或 Seiko Watch 本身都是加分。

我決定將兩倍訂單所省下的成本，盡數回饋挹注在廣告宣傳經費。下一步的計畫就是大打廣告、陳列，將 Grand Seiko 一舉推上暢銷商品。

SEIKO Premium Watch Salon 目標三十家店：廣告宣傳費也增加兩倍！

我將 Grand Seiko 高級石英錶以去年兩倍訂單量下單給精工愛普生這樣的決定，轉達給國內業務的負責同仁時，所有人都相當驚訝。於是我說：

「若是交給各位肯定賣得起來！而且製造商的成本也能大幅下降，進一步減少我們的進貨成本。可是這並不是為了納入營業利益，而是要全數挹注在廣告宣傳活動。

「目前已經編列和去年同樣的宣傳經費，再加上省下來的成本，整體宣傳經費預計可達到前一年的兩倍。讓我們一決勝負吧！」

沒有陳列的商品不會賣。至今雖然好不容易將只陳列三大精品的 SEIKO Premium Watch Salon 拓展到十家店，但來自員工賣力奔走的成果已達極限。接下來再怎麼請託零售商，要想大幅擴點 SEIKO Premium Watch Salon 已相當困難。

因此如前面所提到，我在心裡暗暗下了決定，等達成十家店後下一階段就是決戰時刻。如果十家店辦得到，就要一鼓作氣衝上三十家店。

在此要稍微談一下**製造、銷售和宣傳的流程。**

一般來說，所謂長銷商品剛上市的時候，首先會陳列在店頭、進行有效的宣傳活動。如果大受消費者歡迎，店家會因應補貨向 Seiko Watch 採購。

相對地，Seiko Watch 會提供通路現有的庫存，也會視庫存情形向製造商追加訂單。當然，對於事先已設定好銷售數量的限量商品，並不會再向製造商追訂，而是賣完預期數量就結束。

然而這一次和以往全然不同。

這次要加倍銷售的 Grand Seiko 高級石英錶（９F機芯），雖然是長年以來持續生產、販售的經典錶款，但是長年銷售低迷，幾乎已呈停滯狀態。一口氣讓這類商品銷售翻倍的想法，不僅過去從來沒人提出，也並不適用於常見的在庫管理與補貨原則。這也表示在廣告宣傳上，必須採取和以往全然不同的做法。

我在第四章談過如何鎖定目標消費者。

再來要思考的就是，若想讓 Grand Seiko 翻倍銷售，甚至變成暢銷商品，應該採取什麼樣的宣傳策略才能見效？

相較於去年也翻倍的宣傳經費，又該如何策略性地挹注與投放這些預算？即將迎來成敗之役，我已經擬訂好下一步的戰略。

右手是兩倍的商品，左手是兩倍的宣傳費，來吧！決戰的時刻到了。

廣告宣傳的目標市場是「潛在需求階層」：在公司內部一片反對聲浪中，決定邀請達比修有選手代言

兩倍的商品，以及兩倍的宣傳費，一切準備就緒。可是應該如何推出有效的廣告宣傳？必須做出決斷。

我對宣傳部門的同仁及部門負責人這麼說：

「Grand Seiko 的銷售量必須是去年的兩倍，因此投注的廣告宣傳經費也是去年的兩倍。

目標消費者包括兩個需求階層，也就是『需求階層』和『潛在需求階層』。但是這一次要將『潛在需求階層』視為最大的目標市場。

「我們一直以來都是將有限的預算，針對需求階層中主要的鐘錶愛好人士進行宣傳。**這次不一樣。『不關心鐘錶的消費者這類潛在需求階層』才是我們主要的訴求對**

象。要將這些從來不關心鐘錶、平常不會上鐘錶店的『潛在需求階層』族群，帶來 SEIKO 的腕錶專櫃。

「SEIKO Premium Watch Salon 即將開設第十家店，這次要以 SEIKO Premium Watch Salon 各家店為中心，聯手全國經銷 Grand Seiko 的商家，讓銷售突破去年的兩倍。當中格外需要盡速討論的，正是如何精準命中『潛在需求階層』顧客的廣宣內容。」

宣傳部門的負責人和團隊士氣聽完大為振奮。我先前談過，公司業績徘徊在谷底時期，廣告宣傳費被嚴格管控，並不具備大舉投入預算推廣產品的實力。然而這次是平常宣傳預算的兩倍，而且是針對精品級錶款 Grand Seiko，士氣自然大大提升。

在這之後，包括負責員工、專案經理以及部門主事者在內，整個宣傳團隊從上到下反覆進行各面向討論，最後向我提出了一項畫時代的提案。

提案內容是：**針對不關心鐘錶的「潛在需求階層」顧客，邀請職棒選手達比修有擔任廣告代言人**。當時達比修有選手正要進軍大聯盟。

我看完提案後雖有點意外，可是轉念一想：「這提案真的太棒了！」

兩個目標需求階層

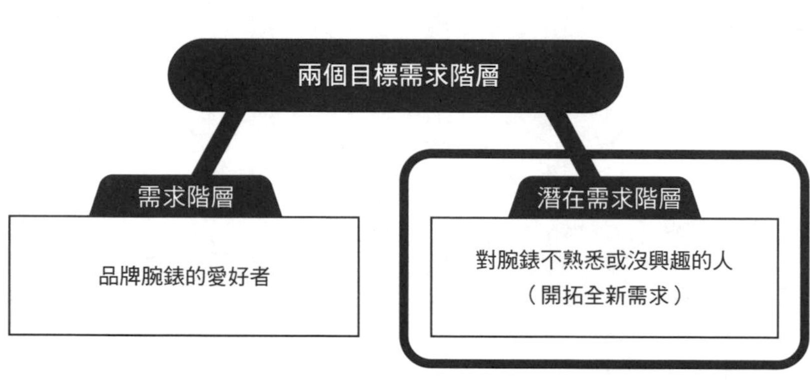

本來要鎖定的就是像我這種不關心腕錶的消費者。那麼要如何讓我前往腕錶專櫃，甚至掏錢購買 Grand Seiko 呢？達比修有選手的代言正是出其不意的震撼彈。

另一方面，也不能忘記一般鐘錶愛好人士（需求階層）。因此廣告上必須同時呈現出鐘錶本身的魅力。換言之，得**針對這兩種需求階層，進行兩階段的廣告投放。不過這一次要命中的是「潛在需求階層」**。

接下來要跑公司內部流程。我雖然身為執行董事與公司最高負責人，關於如此大規模的廣告宣傳投資案，還是必須依公司章程上簽呈批准通過才行。

在公司內部的會議上，達比修有選手的廣告代言案正式提出，不料卻遭到與會成員強烈反彈。

反彈的主要原因在於，達比修有選手雖是廣受讚譽且相當優秀的職棒選手，但若要說起代言 Grand Seiko 這般精品腕錶，形象上可能並不適合，而且從未有過前例等等諸如此類的反對理由。

高層當中也有人持反對意見，同樣表達出對此次精品腕錶代言人的疑慮。總之是一片反對聲浪。

但我毫不退讓。正因為這次的目標市場是「不關心鐘錶的潛在需求消費者」，才決定邀請達比修有選手代言。

與此同時，團隊依舊會針對既有的鐘錶愛好人士進行宣傳，展現腕錶本身的魅力。這也是 Grand Seiko 企圖一鼓作氣銷售翻倍的宣傳主軸。

即便會議中處在壓倒性的少數立場，宣傳部門的執行同仁與負責人依舊鏗鏘有力地向所有人傳達這次的策略，並未撤回達比修有選手的代言案。在頑強不懈地遊說之下，最終提案批准通過。

如果這次代言案失敗，我也做好了扛起所有責任的心理準備。

但我內心真正的想法是：「絕對不會失敗！」而且擁有一定的信心。原因正來自於公司內部一片反對的聲浪。內部既然反對到這種地步，對外反而肯定能成功。公司內部幾乎所有的幹部都熱愛鐘錶，而且大多是長年待在腕錶業界的專業人士。

然而，這次代言案主打的對象「潛在需求階層」，恰恰是和這群人截然不同的消費族群，也就是平日不關心鐘錶的「潛在需求消費者」。事實上，這群「潛在消費者」對於鐘錶本身的魅力並非那麼在意。

因此要讓這群人前來腕錶專櫃消費，肯定需要廣告代言人的誘因。這也是邀請達比修有選手代言的主要原因。達比修有選手肯定能激起「潛在消費者」前來通路購買腕錶的動力，對此我深信不疑。

好不容易，達比修有選手的代言廣告展開宣傳，在知名經濟報紙、雜誌等管道大幅刊登，各家媒體也以大幅版面露出。

與此同時，國內業務團隊由負責人 C 先生為首，以設有 SEIKO Premium Watch Salon 的十家店為宣傳重心，並且針對全國販售 Grand Seiko 的高級百貨商場與專賣店推出促銷活動，全面搶占市場。

Grand Seiko 就此一戰成名，打響全國知名度，銷售勢不可擋。

原本毫不關心鐘錶、也從未前往腕錶賣場的顧客，紛紛拿著刊登達比修有選手廣告的報紙湧入 SEIKO Premium Watch Salon，以及全國販售有 Grand Seiko 的高級百貨公司與專賣店詢問：

「我想購買報紙上達比修有選手代言的這款腕錶。」

而在宣傳如火如荼展開、Grand Seiko 大受歡迎之下，鐘錶愛好人士也紛紛關注起 Grand Seiko。

就這樣，Grand Seiko 的兩倍庫存量全數銷售一空。**終於，Grand Seiko 經過五十年漫長的沉睡之後甦醒了。接下來即將展開快速衝刺。**

Grand Seiko 擁有極高的水準與品質，絕對不輸給瑞士等國外高級品牌，是個足以讓人自豪說出這番話的品牌。五十年來賣不好的癥結，僅僅在於市場行銷策略失敗。

「好商品不一定賣得好！」

然而，「只要仔細思考銷售方式，好商品肯定能賣！」

Point

「只要仔細思考銷售方式，好商品肯定能賣！」

暢銷的關鍵在於「獨立的戰略」、「詳盡周全的準備」，以及「堅定不撓的決斷力」。

SEIKO Premium Watch Salon 快速展店：喚起需求，一鼓作氣達成三十家店

達比修有選手的代言廣告在「潛在需求階層」當中掀起話題，與此同時也喚起了「需求階層」的需求。

如此一來會發生什麼事？日本全國高級百貨公司與精品專賣店察覺 Grand Seiko 鵲起的名聲之後，不約而同前來詢問。

「Grand Seiko 似乎大受歡迎呢！」多數通路發現市場上的變化之後，紛紛提出「我們也打算開設 SEIKO Premium Watch Salon」。終於撼動大山了。

就像這樣，這一次不再需要仰賴各業務奔波全國各地，而是奠基於戰略之上有效擴點 SEIKO Premium Watch Salon。

我先前提到的**良性循環就此展開**。

Seiko Watch 運用戰略

↓

喚起消費者的需求（「需求階層」與「潛在需求階層」）

↓

Grand Seiko 在通路大受歡迎

↓

・由於 Grand Seiko 賣得好，已開設的 SEIKO Premium Watch Salon 櫃位面積變大（第二階段：移動到更好的位置）

・同一時期，在新通路開設 SEIKO Premium Watch Salon

↓

Grand Seiko 的價值感提升

回想起來，SEIKO Premium Watch Salon 從零開始，一路到第十家店成立，真的是一段漫長而艱辛的道路。

當時 Seiko Watch 的業務同仁無數次奔走全國零售商通路，和店家負責人反覆進行無數次商談，才有了 SEIKO Premium Watch Salon 的初步成果。

儘管如此，洽談過程不被認可，甚至拒絕的情況多不勝數。某位精品專賣店負責人曾經如此否決了新櫃位的洽談：「我很清楚 Grand Seiko 是相當優秀的腕錶，可是就算進貨了也賣不掉，陳列在面積有限的店面中實在也浪費了。」

然而，這位通路的負責人很清楚一件事。

Grand Seiko 是具有高品質的頂級腕錶，可是賣不好的商品就算想賣也賣不掉，對於店內營業面積有限的店家而言，無法陳列不賺錢的商品。

不過情勢幡然轉變。Grand Seiko 搖身一變成為暢銷品牌，這是令人驚喜的大逆轉。這些精品通路想必相當急切想要盡快進貨販售吧。

所以這一次，高級專賣店紛紛提出「務必讓我們販售 Grand Seiko」，並且表達設櫃需求，也是理所當然的事。

通路只想賣會賣的商品。

因此，銷售這方**最重要的是率先推出成功案例，證明這是會賣的商品。通路想賣的是會賣的商品，想做的是會賺錢的生意。**

戰略方法⑨

打造成功案例！

首先必須推出成功案例。

有了成功案例，顧客就會接連上門。

可是我還不能停下腳步。

Grand Seiko 大為暢銷之後，我再度找來精工愛普生鐘錶事業部的E部長開會，拍板下一批次的產量。

接下來可是要一鼓作氣朝三十家店的目標邁進。於是我對E部長說，這一次 Grand Seiko 高級石英錶的下訂量是前一次的百分之一百五，也就是當初的百分之三百。當然，省下來的成本依舊是一半一半平分，所以廣告宣傳經費因此大幅增加。我也和E部長約定，今後會更加提升 Spring Drive 的宣傳力道。

與此同時，我也沒忘了另一家製造商精工半導體（SII）。

我下定決心，第一步是高級石英錶，再來是精工半導體生產的高級機械錶，然後是精工愛普生的 Spring Drive。下一次同樣要邀請達比修有選手代言，展開 Grand Seiko 高級機械錶與 Spring Drive 的宣傳活動。

事不宜遲，我對宣傳團隊的執行同仁與部門負責人做出定案文宣方向的指示。這一次的目標是，將高級機械錶和 Spring Drive 同時推向不關心鐘錶的「潛在需求階層」，以及熱愛鐘錶的「需求階層」。

在單價上，這些錶款是高級石英錶的二至三倍。藉由銷售附加價值高的 Grand Seiko 高級機械錶與 Spring Drive，可以放眼 Grand Seiko 真正的成長。

這麼一來，就能繼續提高宣傳經費，一方面投入達比修有選手的代言來吸引「潛在需求階層」，又能針對鐘錶愛好者的「需求階層」宣揚鐘錶本身的魅力。

累積下來的宣傳經費達到去年兩倍，也就是一開始的四倍之多。

最終，Grand Seiko 在第一次的宣傳之下，不僅僅是高級石英錶，高級機械錶與 Spring Drive 的銷售也大幅成長。

眼看銷售氣勢驚人，全國高級百貨商場和精品專賣店也一口氣提高對 Grand Seiko 的關注，設立 SEIKO Premium Watch Salon 的要求蜂擁而至。

而且不僅僅是 SEIKO Premium Watch Salon 擴點，連以往在全國經銷販售 Grand Seiko 的主要通路，也迫切希望成立新櫃。與此同時，挹注在 Grand Seiko 的廣告宣傳費用以每年數倍的金額持續累加。

就這樣，SEIKO Premium Watch Salon **從成功擴點十五家店，再來是二十家店，隨後更一鼓作氣奔抵三十家店的目標。**

和過去實在無法同日而語。

Grand Seiko 就此重生並快速成長。

能夠達成目前的成果，我對於快速因應 Seiko Watch 需求、協調高級石英錶兩倍生產量的精工愛普生鐘錶事業部 E 部長等人，以及協助 Grand Seiko 高級機械錶增產的精工半導體鐘錶事業相關負責人員，滿懷由衷的感謝。

良性循環繼續下去。通路想賣的是會賣的商品，想做的是會賺錢的生意。

Seiko Watch 持續運用戰略

↓

進一步喚起消費者的需求（「需求階層」與「潛在需求階層」）

Grand Seiko 在已開設與新開設的 SEIKO Premium Watch Salon 賣得更好

・由於 Grand Seiko 賣得更好，已開設的 SEIKO Premium Watch Salon 面積變得更大

（第二階段：移動到更好的位置）

・同一時期，在更多通路開設 SEIKO Premium Watch Salon

↓

Grand Seiko 的價值感再次提升

像這樣，歷經五十年長期低迷不振的 Grand Seiko 就此重生，商品仍然是原本的錶款，銷售成績卻在五年內急遽成長三倍。「第一階段」到此結束。

受惠於 Grand Seiko 的快速成長，SEIKO 的品牌價值整體大幅提升。此外，Seiko Watch 其他高價位帶商品和中價位帶中的高級商品也傳來銷售佳績。

這就是我在第三章所談到，**我擬訂出澈底翻轉 Seiko Watch 事業結構的「方針與戰略」，率先在國內取得極大的成效。**

國內業務以 Grand Seiko 為核心，從過去中價位帶至普及價位帶商品為銷售主力的情況，一舉扭轉成為以高價位帶至中價位帶等高級商品為銷售主力。而這樣的成果，也讓締造 Seiko Watch 整體過半數營收的推手，由過去的海外業務轉移到國內業務。國內業務就此扛起了支撐全公司營業利益的關鍵要角。

於是，Seiko Watch 的業績在大逆風（雷曼風暴、東日本大震災、超日圓升值）之下，鐘錶事業業績由谷底重生，不僅連續六季成長，更來到業績翻倍、營收四倍的高

Grand Seiko 業績（示意圖）

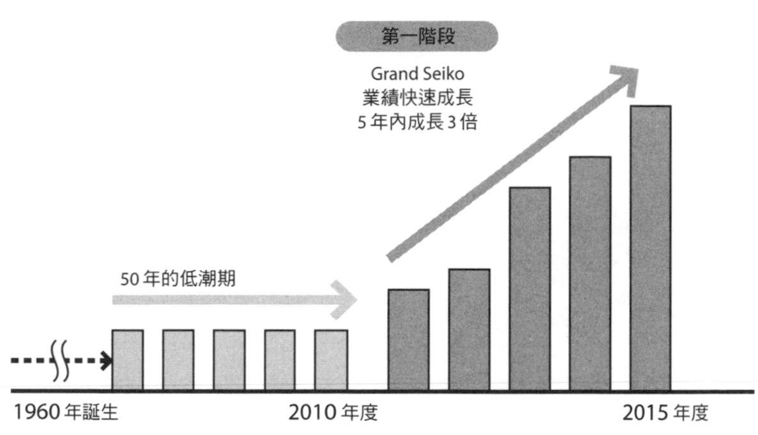

點。這也是 Seiko Watch 創社以來業績與營業利益的最高峰。

然而，這些成果絕非光憑我一個人的力量就能達成，我只不過是做好我自己的角色：**確認三個現場，從中廣蒐情報，並且經過整理、分析，確立事業發展的方向與脈絡，擬訂戰略，著手執行。**就是這樣而已。

Grand Seiko 的重生與成長，再來是 Seiko Watch 快速重振業績。

這一切都是在由 Seiko Watch 的服部社長為首，所有幹部、員工以及製造商、協力廠商等許許多多人的努力與支援下，才能達成的目標。

業績變好，利潤隨之增加，公司員工的待遇就能獲得提升，大家工作起來自然會更有士氣。而在全體員工更加努力工作之下，業績也將更上一層樓，就此形成良性循環。

不過這還只是Grand Seiko成長戰略的「第一階段」。接下來才是Grand Seiko的「第二階段」以至「第三階段」的成長。這兩階段歷程將於第六章和各位分享。

停下來思考：掌握有用的情報正是領導者的角色

為了充分掌握三個現場的資訊與建議，好好地傾聽公司內部與客戶等各方意見很重要。而從中掌握業務的法門，正是領導者必須扮演的角色。

關鍵在於，面對有用的情報時必須當機立斷，甚至可以視為新事業的點子而進一步制訂策略。資訊每一天都從我們的眼前快速流逝，如何眼明手快抓住這些情報，也是領導者的責任。

最早提出開設 SEIKO Premium Watch Salon 想法的人並不是我。

而是由C先生所領軍的國內業務團隊，以及D先生及其率領的精品企畫團隊，SEIKO Premium Watch Salon 的構想正是來自他們的點子。

還有研發打造出 Grand Seiko 三大品質優良機芯的製造商，及其最堅強後盾的協力廠商。

提案邀請達比修有選手代言廣告的則是宣傳團隊，也包括過程中多所協助的廣告廠商。

盤點眼前擁有的經營資源，並且在每天多不勝數的資訊當中掌握有用的情報，一旦可行就當機立斷擬訂戰略，偕同員工付諸實行，這些是我要負起的任務。而這也正是我在本書一開始就提到的事業戰略管理人的工作。

職務階級較低的時候，還沒辦法接觸到足夠的資訊，隨著職階提升，自然能掌握各種情報。我擔任部長的時候，主要蒐集的都是部門業務相關訊息；但後來歷任本部長、常務董事、執行董事等職務，所獲取的情報無論在量或質上都相當龐大。

做業務的焦點在於公司內部、客戶、製造這三大現場發生的事，而不是人。像是部屬、同事、主管、製造商、協力廠商、銷售端的通路店家等，都是你會接觸到形形色色的人，然而，真正重要的，是迎面而來各式各樣的資訊。

打開你的天線，啟動你的觸角，用心掌握來自三個現場的各種情報。如何藉此啟發你的事業，並且將之擬訂為戰略，正是領導者的角色。

Point

如何從三個現場當中獲取足以啟發事業的情報，並且據此進一步擬訂戰略，正是領導者的角色。

第六章

Grand Seiko 的成長戰略

——第二、三階段：「精品化」與「全球化」

以高級品牌之姿持續成長，進入第二階段：讓需求階層往上提高一級

在第一階段，Seiko Watch 的業績在大逆風之下由谷底重生。而推動業績、引領成長的巨大支柱，正是沉睡五十年後、甦醒並快速成長的 Grand Seiko。**Grand Seiko 以其原有的商品，在五年內銷售成績翻轉三倍。**

Grand Seiko 也因此稱霸日本國內市場，成為國產最高峰的腕錶品牌，同時**躍居足堪比擬國外精品腕錶的龍頭地位。**

接下來要談**「一百手戰略」的第二階段**。

就在 SEIKO Premium Watch Salon 不斷擴店、一舉達到三十家店目標的時候，當時已分別就任國內業務本部長、企畫本部長的 C 先生和 D 先生，某天前來找我時這麼說：

「達成三十家店了，終於來到這一天。」

我對他們說：

「多虧全體員工上下一心的努力，謝謝你們。」

我接著說：

「可是還沒結束，真正的勝負才要開始。現在不過是 Grand Seiko 重生之路的第一階段呢。**我們終於站上了起跑點，接下來 Grand Seiko 就要進入真正的成長階段。終於來到了第二和第三階段。**」

在第一階段，Grand Seiko 以原有的商品在五年內業績成長三倍。**在第二階段，目標要鎖定高價位帶和女性市場**。因此這一次要打造高價位帶（一百萬日圓以上）和女性專屬的新商品。」

兩人一聽露出驚訝的表情，但很快同意我的看法：

「的確，勝負才要開始。」

第一階段是 Grand Seiko 品牌重生、確立高級品牌地位的階段。**第二階段則是高級**

品牌逐步成長的階段。

首先是目標需求階層。第一階段目標是中上大眾階層與準富裕階層，結果如預期，價位在二十萬日圓至六十萬日圓的 Grand Seiko 賣得很好。

第二階段要讓需求階層往上抬升一級，目標是準富裕階層和富裕階層。因此，必須打造 Grand Seiko 一百萬日圓以上的高價商品，好吸引這些消費者。當然與此同時，原本的二十萬日圓至六十萬日圓、以至一百萬日圓以下商品，依舊要繼續爭取涵括中上大眾階層在內的消費族群。

再來要談銷售現場。我以第四章的圖進行說明。

開設 SEIKO Premium Watch Salon 有兩階段。第一階段是無論如何都要堅守開設 SEIKO Premium Watch Salon 的目的。

隨著 Grand Seiko 的銷售量急遽增加，通路紛紛要求新設專櫃，此時重要的是讓已開設的 SEIKO Premium Watch Salon 人氣櫃點進展到第二階段。

也就是盡快與已設櫃的通路洽談，以獲得更好的賣場。這些賣場必須位在瑞士等海

日本＊純金融資產持有額的家戶數與資產規模

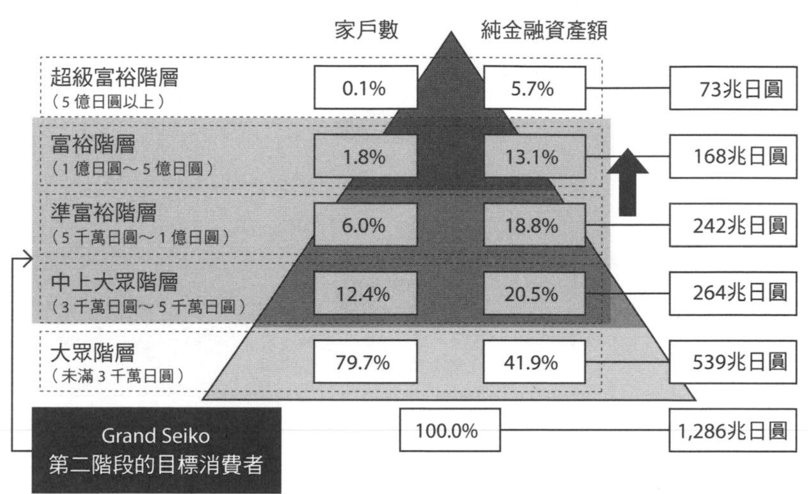

＊純金融資產（儲蓄存款、股票等）—住宅貸款等
出處：參考野村綜合研究所新聞資料（2014 年 11 月 18 日）由作者製表

外精品腕錶專櫃附近，才能吸引目標消費者的注意力。再來就要進入第二階段。

在高級百貨公司或精品專賣店，不僅僅是鐘錶愛好者這類的需求階層，就算潛在需求顧客上門時，目光也會先投向最顯眼的平臺或櫃位。

這類場所都會販售高價的國外精品腕錶，所以 Grand Seiko 肯定能打進周邊的位置。我觀察第二階段的賣場櫃位變化後不禁感到雀躍：

「Grand Seiko 高價錶款的機會來了。」

銷售現場的進程

SEIKO Premium Watch Salon

第一階段

設置精品櫃位賣場
（和一般商品的差異化）

第二階段

移動到更好的精品櫃點、擴大陳列面積（包括壁面等）
（確保與一般國外精品共同陳列的位置）

另一個目標消費層是女性市場。

當時購買 Grand Seiko 的顧客幾乎是男性。雖然也有女性客層，但購買的多半是限定款式，女用錶款並不多。對於當時尚未開發的 Grand Seiko 女性客層市場戰略，在此要進一步說明。我深深相信 Grand Seiko 絕對還有成長的空間。

拓展這兩個全新的目標市場，是讓 Grand Seiko 愈發茁壯的第二階段。

於是我對C和D兩位本部長這麼說：

「來吧，進軍下一個戰場。」

全面進軍精品市場：現場有玄機

關於全面進軍精品市場（一百萬日圓以上）和開發女性市場的想法，是我在執行第一階段的過程中，內心逐漸形成的計畫。其實這是我在第一階段剛上路時，**前往高級百貨公司、精品專賣店等通路巡店，從現場獲得的靈感**。

第一階段如火如荼進行之際，我和國內業務負責人C本部長經常前往全國各地的高級百貨公司及專賣店巡視，目的是「聽取現場真實的聲音」。

然後，我從這些通路的口中聽見了這番話：

「Grand Seiko 能夠賣這麼好，我們都倍感振奮，不過希望日後能推出更高價的商品。對於通路而言，假使同樣面積的賣場能販售一支腕錶，定價愈高的商品自然愈賺錢。購買 Grand Seiko 的客人當中，大多數都是買得起高價國外腕錶的消費者。我們希望將 Grand Seiko 的高價錶賣給這些客人。」

我這才恍然大悟，是啊，**這不就是讓客戶先賺錢的道理嗎？**

可是，當時 Grand Seiko 還處在重生與快速成長的第一階段，立刻推出高價錶會有風險。於是我心想，等 Grand Seiko 日後賣得更好、逐漸確立高級品牌地位時再著手實行。

等到第一階段態勢大致明朗之後，我立刻偕同團隊執行這項計畫。即使是現在，我對於當時高級百貨公司與精品專賣店等通路帶給我如此巨大的啟發，依舊深懷感謝。

在此和各位分享一段插曲，這是我前往現場和精品專賣店社長針對實務上有效開發商品的一段對話。

我在頻繁巡訪全國各地高級百貨商場與精品通路的過程中，有一天偕C業務本部長及另一位F本部長造訪一家販售國外頂級腕錶的專賣店。

這家精品專賣店過去從未經銷 Grand Seiko 的商品，後來才設櫃販售。而且上門的客人，都是那些專程來店購買國外精品腕錶、所謂富裕階層的消費者。

一踏入店門，我立刻感謝對方同意讓我們設櫃，並與負責人聊起銷售狀況等話題。我從這段對話中，獲得開發商品的兩個靈感。

第一個靈感就是前面所提到搶攻 Grand Seiko 女性客層。

當時我詢問負責人：

「高級百貨公司或精品專賣店雖然多少會販售國外精品女錶，但比例上還是較少吧？」

負責人這麼回答我：

「國外高級品牌的女錶比例比想像中更低呢。就算是一些頂級品牌，女錶的銷售占比大致上也才接近三成。SEIKO 也打算加強女錶這一塊嗎？」

我聽了之後感到有點驚訝。Seiko Watch 在中價位帶至普及價位帶的女錶銷售比例雖然沒那麼低，可是在精品錶、高價錶上，女錶比例卻遠低於這個數字。

於是我對負責人說：「謝謝您，這是非常值得參考的訊息。」

第二個靈感則和 Grand Seiko 高級石英錶的新產品開發計畫有關。

負責人接著說：

「在愛好品牌腕錶的消費者當中，大多數會在意腕錶內部機芯結構是否精美。我認為 Grand Seiko 可以更加重視機芯的結構設計。」

對此F部長則做出如下的回應：

「有如 Grand Seiko 心臟部位的高性能石英機芯相當講究，卻完全被底蓋蓋著。機芯本身確實相當精美，只可惜 Grand Seiko 搭載的石英機芯用的是對光線相當敏感的半導體，必須設計成由金屬底蓋包覆的不透光結構。」

我聽了之後暗自沉思：「好！既然如此就開發新的吧。」

回到公司之後，我隔天就聯絡精工愛普生的鐘錶事業負責人E事業部長，委託他開發新品相關事宜。企畫團隊也快速動員，針對樣式與精工愛普生著手討論。

開發是一條漫長的航路。儘管如此，在擁有最高水準技術的精工愛普生努力之下，一年後，順利推出改良後的商品。

在這之後，那位給予我改良底蓋結構靈感的通路社長，收到剛出爐的新品後相當驚喜。該社長對於宛如自己協同開發的新商品，甚至提出了大量進貨販售的需求，令我印象十分深刻。

而向市場推出 Grand Seiko 透背底蓋款式之後，不僅拉高了單價，銷售進展上也變得更加順利。

Point

由公司外部的現場所獲取的靈感，可以打破公司內部的舊有思考。

仔細聆聽來自三個現場的話語，其中肯定藏有重要的情報或靈感。如何抓住這些情報或靈感，正是領導者的工作。在這些啟發我的訊息中，很多是來自腕錶銷售的最前線，也就是那些每天接觸顧客的通路商家。我也將當時的啟發運用在第二階段的戰略上。

Point

由銷售最前線的現場（通路）所獲取的情報，大部分能成為規畫戰略或開發商品的重要靈感。

開發女性市場與強化宣傳：將女性嚮往的「形象」具象化

接下來要談談關於女性市場的開發。

開發女性市場，必須擬訂全新的商品開發與廣告宣傳戰略。

產品企畫團隊火速動了起來。首先要推出兩種以女性為目標的商品：一種是適合職場女性的錶款；另一種則更重視優雅的設計感，售價上也會稍微提高。

為了開發新的女性需求客層，必須在面盤等部位上鑲鑽，皮革錶帶也要變換不同顏色，Grand Seiko 女錶的開發熱烈而穩健地進行著。

再來是和開發商品同樣重要的廣告宣傳。

Grand Seiko 至今從未有過鎖定女性消費者的大規模宣傳活動。然而這一次開發女性市場，就得進行必要的投資。這都是為了打造公司的品牌。

在第一階段，挑選達比修有選手擔任代言人，成功打入一直以來並不特別關心鐘錶的「潛在需求顧客」。然而，蜂擁而至的年輕族群當中，還是以男性消費者居多。

因此這一次的重點在於：如何打動女性消費者。

沒多久，宣傳團隊呈上了很棒的提案。內容是邀請前寶塚男役頂尖明星、深受男性與女性粉絲喜愛的天海祐希，擔任 Grand Seiko 首次的女性代言人。我當下立刻拍板：「好，就這麼辦！」

關鍵在於能否獲得女性消費者的支持，而且要充分展現擁有 Grand Seiko 的高水準與高品味。天海祐希完全符合 Grand Seiko 女性代言人的特質。

當此之際，另一個讓 Grand Seiko 抓住女性目光的機會出現了。

那就是**捐贈給東京寶塚劇場的緞帳**＊。

＊譯注：寶塚歌舞劇自一九一四年登上舞臺，百餘年來皆由女性扮演的男役與娘役風格風靡全球。作為東京據點的東京寶塚劇場，和位於兵庫縣的寶塚大劇場擁有相同的舞臺裝置，觀眾無論坐在哪個位置都能清楚看見舞臺和散發特殊存在感的緞帳（布幕）。

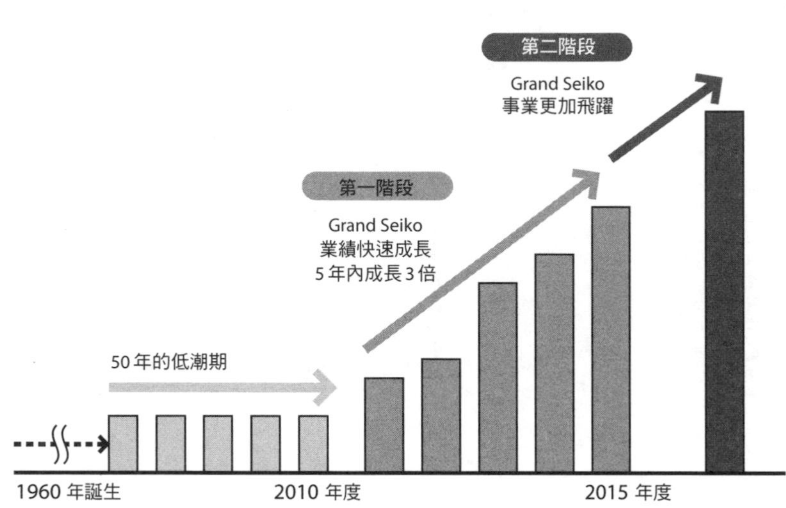

當時二〇一四年適逢寶塚歌劇一百週年，產品企畫團隊攜手寶塚，進行寶塚百年與 Credor 誕生四十週年紀念的共同企畫。雙方因此結下了緣分。

其實我呢，從進入三菱商事之後，一直以來就是寶塚的忠實粉絲。即使是現在，我一有空仍然會前往劇場。對我而言，在那樣華麗無比的夢幻舞臺前觀劇，彷彿能讓我像臺上的人一樣充滿活力和能量。

在與寶塚歌劇的共同企畫之後，才有了捐贈緞帳給東京寶塚劇場一事。經過 Seiko Watch 社內通過，二〇一六年贈與阪急電鐵的全新緞帳，後由東京寶塚劇場沿用至今（二〇二一年三月）。

捐贈緞帳的過程中，代表 Seiko Watch 與寶塚歌劇接洽的是公司內部的兩位女性職員，當時的業務負責人G小姐和設計部部長，她們非常積極地推動這個案子。

緞帳的設計是由這位設計部部長發案執行，並且獲得採用。

設計主題是「生生流轉」。透過荏苒變換「時光流動」的設計圖式，呈現出寶塚歌劇歷久彌新的形象；緞帳上也同時放上 Grand Seiko 的英文字樣與LOGO。

就這樣，第二階段開發精品及女性市場的路線持續進行，而第一階段快速成長的 Grand Seiko 成為 Seiko Watch 最有力的後援。

銀座第一家 Seiko Premium Boutique 開幕：只賣高級腕錶的精品店

隨著 SEIKO Premium Watch Salon 順利擴點，我盤算的下一步是：開設只販售三大高級品牌的 Seiko Premium Boutique 直營店。於是，我指示國內業務的女性負責人G小姐廣蒐銀座的候補地點清單，G小姐也賣力地找出適合的場地。二〇一五年，僅販售 SEIKO 三大高級品牌的「Seiko Premium Boutique」正式在銀座開張。

如此一來，隨著 Seiko Premium Boutique 以 Grand Seiko 為主的銷售成績愈發亮眼，SEIKO 的品牌價值也水漲船高。這樣的成績都要歸功於G小姐。Seiko Premium Boutique 在銀座經營穩定下來之後，持續進駐銀座其他地點與全國各地據點。

Point

要想將高級品牌的品牌價值傳達給消費者，
陳列在高級通路（精品店）很重要。

二〇二〇年二月，根據日本經濟新聞社和日經廣告研究所的「日經企業形象調查」指出，SEIKO 在「經營・服務品質優良」的企業排行榜高踞第一。日經在報導中也寫到：「主力品牌商品『Grand Seiko』大受歡迎。」Grand Seiko 的品牌實力對於如今 SEIKO 的企業形象有著相當大的貢獻。

Point

商品的品牌力增加，有助於企業形象提升。

確立高級腕錶品牌的地位：從「認知的價值」到「情感的價值」

已然鞏固高級腕錶品牌地位的 Grand Seiko，順利進軍精品市場（一百萬日圓以上）並開發女性市場，終於逐步成長為高級腕錶品牌。

於是，**我開始在想所謂的高級品牌到底是什麼**，在此以腕錶舉例，各位可以對照下頁圖表思考品牌形成的過程。我腦海中的品牌形成包含**兩個階段**。

首先，**第一階段是「認知的價值」。這意味著商品或服務的品質，以及功能、性能、設計感等多數人認同的價值**。

商品所擁有的優良品質與功能，是消費者購入該商品的必要條件。只是對於掏錢購買的消費者來說，就算知道商品品牌，對於該樣商品還是**停留在「認知的價值」**；這並

品牌的形成

消費者眼中的價值（商品／服務）

品牌形成階段	價值	商品、服務的價值要素	
第一階段	**認知的價值**	品牌認知	品質 機能 性能 設計感
↓			
第二階段	**情感的價值**	擁有／共感的喜悅	嚮往 自豪、講究 紀念感 品牌故事

出處：參考日本行銷研究所「JMR 行銷建議集」20 頁，圖由作者製表

不是因為擁有這支腕錶而感到特殊的憧憬或自豪、紀念價值等，而是它能夠顯示正確時間、方便穿戴使用就行了。

因此，需要**進入下一階段「情感的價值」**。也就是當你擁有這樣商品，或是接受這樣的服務之後，會湧現**嚮往、自豪、覺得講究、富有紀念感等感受的「情感的價值」**。這當中自然少不了愉快的情緒。此外，「情感的價值」也包括透過擁有這樣商品來表達或象徵自我。

更進一步觀察「情感的價值」，會

發現**品牌故事很重要**。除了將商品背後的故事傳達給所有消費者，更重要的是讓消費者想將這個故事傳達給更多人知道。

談到品牌故事，讓我和各位分享 Grand Seiko Spring Drive 的例子。Spring Drive 雖是以發條為動力來源的機械式腕錶，卻也是擁有和石英錶同樣精確度的混合式腕錶。機械錶每天走時會產生誤差，但 Spring Drive 可以透過水晶振動子等速度控制機構，調節主發條鬆開的速度，將秒差縮小至平均月差的範圍。而且完全不需要使用電池，是 SEIKO 獨家開發的驅動裝置技術。

此外，在高級工房中，擁有熟練且精湛技藝的職人將手中一個個零件組裝完成；連夾住指針的鑷子，一天都要經過數次打磨，盡可能降低損傷零件的一切風險。

在一支小小的高級腕錶裡頭，有著挹注全副心力而生的上百個精密零件，要說是小宇宙也不為過。如此優秀的腕錶，以及它背後的故事，讓擁有這支腕錶的人得以自豪地呈現在他人面前。這就是「情感的價值」。也就是令人自豪、覺得講究、富有紀念價值與地位感等油然而生的感受。

在日本，存在許許多多擁有高品質、高性能的商品與服務。然而**若想讓品牌升級**，就不能只停留在「認知的價值」，而是必須以打動人心的「情感的價值」為目標。

戰略方法⑩

品牌形塑的兩個階段

第一階段 認知的價值（商品的高品質和高性能）

第二階段 情感的價值（情緒上的共感：嚮往、自豪、紀念、為人羨慕）

真正的「高級品牌」其實是什麼？

進入第二階段「全面進軍精品市場（一百萬日圓以上）和開發女性市場」之前，我想先談談 Grand Seiko 過去的宣傳口號。

我擔任執行董事、Grand Seiko 仍處在推廣第一階段時，公司的企畫與宣傳團隊屢屢使用「Grand Seiko 是實用腕錶的頂峰」這樣的口號，來向通路（零售商）介紹或向媒體進行簡報。

不過，我對於這樣的說法感到不搭調。事實上，Grand Seiko 的確是擁有高精確度的品質優良腕錶，這說法並沒有錯。

但光是打著「實用腕錶的頂峰」的口號，還是讓人覺得距離高級腕錶相當遙遠。這是因為當時我腦海中 Grand Seiko 第二階段「全面進軍精品市場（一百萬日圓以上）和開發女性市場」的戰略已然成形。

於是我找來企畫和宣傳團隊，詢問他們：

「『Grand Seiko 是實用腕錶的頂峰』，這個宣傳口號是從什麼時候開始的？」

他們回答我：

「很久以前就在用了。」

於是我立刻做出指示：

「我了解了。以後別再使用『實用腕錶』這個文案口號，Grand Seiko 是企圖心更強大的腕錶。明天開始 Grand Seiko 就是『國產腕錶的頂峰』。」

我從這件事發現到，Grand Seiko 的銷售之所以長期以來低迷不振，很大的一個理由其實恰恰來自公司內部。

連 Seiko Watch 都將自己局限在「Grand Seiko 是實用腕錶的頂峰」這樣的框架內，目標需求客層自然也受到限制。而且，過去公司內部也從未設想去搶攻更上級的客層，甚至是成為走向全球的精品腕錶。

我身為一名中途才加入公司的門外漢，**對於如此優秀的 Grand Seiko 的雄心壯志不同以往，因為它具有帶來情感的價值（情緒上的共感：嚮往、自豪、紀念、為人稱羨）的力量。**

邁向國際精品：第三階段飛躍式成長

歷經第一、第二階段，Grand Seiko 不只在國內市場的銷售成績長紅，品牌價值更是飛躍式成長，成為大眾眼中令人嚮往的高級品牌腕錶。

就此達到第三章所談的，依循 Seiko Watch 的新營運方針「提升品牌價值」，達成在日本國內市場「澈底翻轉事業結構」的目標，並且讓以 Grand Seiko 為首的高價位帶與中價位帶商品成為公司業績的巨大支柱。

成果出爐，**國內業績占全公司業績一半以上，變為營業利益的主力，同時撐起了全公司的業績、利潤。**

Grand Seiko 確實澈底翻轉事業結構與收益模式。

那麼，我接下來要談談進入第三階段之後的事。

在這一階段，是關於如何透過推廣 Grand Seiko、轉變海外業務事業結構的過程。也就是 Grand Seiko 在海外市場的推廣狀況，以及如何以國際級精品之姿飛躍成長的歷程。

我在第三章談到，依循 Seiko Watch 的新營運方針「提升品牌價值」，在翻轉海外事業結構上，必須進行短期與中長期的兩階段戰略。而中長期戰略指的是讓當時出口國外的 SEIKO 品牌腕錶，由原本以中價位帶至普及價位帶商品為主力，轉變為以高價位帶至中價位帶商品為主力，而扮演起銷售要角的正是 Grand Seiko。

具體的對策有二：

第一，在世界規模最大的鐘錶珠寶展覽會「Baselworld」上，向全世界的腕錶業者展示以 Grand Seiko 為主的 SEIKO 高價錶。

此外，邀請權威專賣店的負責人參與宣傳活動，同時主辦由 Grand Seiko 領銜展現腕錶高端精髓的精品秀場。

第二，在海外開設 SEIKO Boutique 直營店。

每一個國家的消費者或媒體都能在直營店直接接觸 Grand Seiko 等 SEIKO 高價錶，

也可以當場購買。

我自己就曾經出差前往許多國家，在當地直營的 SEIKO Boutique 向國際媒體和消費者介紹 Grand Seiko 等 SEIKO 精品。

接下來要和大家分享其中各式各樣的執行策略。

「Grand Seiko」打動世界

每年在瑞士的巴塞爾，都會舉辦世界規模最大的鐘錶珠寶展覽會「Baselworld」。世界知名頂級精品會共襄盛舉，在會場設立令人讚嘆的大型展館，是一場來自世界各地的業者與媒體展示自家商品的重要展覽會。

Seiko Watch 每一年都會參加。我任職東亞業務本部長第一次前往時，海外團隊主要展示的是中價位帶出口錶款，向來自世界各地、齊聚於會場的通路商進行洽談。我擔任海外業務本部長時，雖然在會場中展出 Grand Seiko 等三大高級品牌錶款，卻不是會吸引眾人目光的陳列。

就任執行董事之後，我下定決心要在海外市場提升品牌價值，並且向全世界腕錶商與相關媒體大張旗鼓宣傳。因此，我找來產品企畫與廣告宣傳業務同仁及負責人開會，在 SEIKO 展館中規畫 Grand Seiko 大型陳列空間。當中也包括由高級工房的職人現場實際操作「當代名工」精湛的鐘錶組裝技藝，呈現 SEIKO 高超的技術水準，以及 Grand Seiko 的世界級眼光。

同一時間，在海外主力市場美國，推廣 Grand Seiko 的腳步也刻不容緩。

在美國，SEIKO 的銷售主力來自中價位帶至普及價位帶商品。而在雷曼風暴爆發之際，隨著客戶（通路）經營不善或倒閉，銷售量也大幅衰退。美國市場復甦是中長期的課題，也是日後在美國開設直營店 SEIKO Boutique，並且積極向專賣高價錶的精品通路推廣 Grand Seiko 的主要目的。

具體做法上，例如二〇一六年贊助由松竹電影公司主辦的歌舞伎演員市川染五郎（現為松本幸四郎）於美國拉斯維加斯的公演*。那場活動邀集全美權威精品腕錶專賣店負責人，趁此絕佳的時機，我們在其他會場向這些專賣店負責人大肆宣傳 Grand Seiko。

*譯注：指松竹電影公司攜手松下電器，在拉斯維加斯的貝拉吉奧酒店打造出舉世聞名的人工湖特別舞臺，由第七代市川染五郎領銜「日本歌舞伎節」等傳統與現代數位藝術表演。

同時透過這樣的管道，向許多當地業者展示 Grand Seiko 是足以與瑞士等國外精品並稱，而且品質相當優良的高級腕錶。

此外在美國分公司，SEIKO 的美國社長與當地幹部員工也紛紛動起來，從紐約開始，積極造訪洛杉磯、舊金山、芝加哥、華盛頓、波士頓、邁阿密等各地通路業者（百貨公司、專賣店），巡迴視察販售 SEIKO 腕錶的現場（店家商場）。

同時更進一步，以紐約開張的美國首家 SEIKO Boutique 為契機，專程拜訪每一家高級專賣店，提出爭取 Grand Seiko 陳列的宣傳方案。

「SEIKO Boutique」走向世界，朝國際品牌前進！

SEIKO 直營店 SEIKO Boutique，走向世界的第一站就是法國巴黎，進軍歐洲與亞洲主要地區。在歐美等主要市場，過去百貨公司或專賣店中陳列的大多是中價位帶至普及價位帶商品，並未打入精品專賣店等高級通路。

為了打破這樣的困境，首先要讓當地消費者和媒體能夠直接接觸到 SEIKO 的商品。透過開設 SEIKO Boutique 讓消費者了解 SEIKO 的高品質，也能當場直接購買。

在 SEIKO 擁有較高品牌價值的海外市場當中，例如法國巴黎，或是部分亞洲國家比如臺灣、泰國等，雖然會引進高價錶 Grand Seiko 和 Credor，部分高級專賣店也有販售，但數量都很有限。

我認為**要翻轉海外業務的事業結構，勢必得主打 Grand Seiko 等高品質的高價錶款，並且將宣傳訊息讓全世界的消費者、通路和大眾媒體知道。**

因此，**SEIKO 直營店 SEIKO Boutique 位居重要的戰略位置，必須強有力地在全世界拓點。**

在亞洲，除了臺灣已經有據點，泰國、中國、韓國、香港、印尼，還有印度、俄羅斯等地區接連開張；美國則於二〇一四年在紐約曼哈頓成立一號店，並預定於邁阿密開設二號店。

另一方面在歐洲，已設有據點的巴黎和荷蘭繼續開發業務，二〇一五年在德國法蘭克福開設新店，同時尋找英國倫敦的預定店址；二〇一六年澳洲雪梨直營店開張。

我腦中的戰略是這樣的：

透過直營店 SEIKO Boutique 的實戰成績，成為當地員工向海外精品通路（高級百貨商場、專賣店）展示的「成功案例」；藉此進一步爭取在精品通路（高級百貨商場、專賣店）設置專櫃。

如此一來就能**形成良性循環**。也就是基於在日本國內拓點 SEIKO Premium Watch Salon 同樣的思考模式，進而擬訂的海外市場戰略。

開設 SEIKO 直營店 SEIKO Boutique

↓

SEIKO Boutique 做出實際成績（打造成功案例）

↓

進駐精品通路（店頭陳列等）

↓

支援通路宣傳活動，在通路做出成績

↓

持續開設 SEIKO 直營店 SEIKO Boutique

↓

SEIKO Boutique 做出實際成績（打造成功案例）

↓

進駐新的精品通路（店頭陳列等）

↓

支援通路宣傳活動，在新通路做出成績

←

繼續進駐新的精品通路（店頭陳列等）

像這樣，**海外直營店 SEIKO Boutique 快速擴點，做出成效，Grand Seiko 海外市場銷售數字趁勢而上，風生水起。然而，水到渠成的最後一步，卻是存在公司內部已久的最大課題。**

獨立品牌化的明智決斷：在 Grand Seiko 的錶盤上拿掉「SEIKO」的 LOGO

Grand Seiko 在走向國際品牌的道路上，長年以來面前橫亙著一道巨大的課題。那就是 Grand Seiko 錶盤上「SEIKO」的ＬＯＧＯ；錶盤上頭依舊並列「SEIKO」與「GRAND SEIKO」的字樣。也就是說，若想創造出和一般 SEIKO 商品全面差異化、獨自站穩高級品牌形象，就必須將「SEIKO」的ＬＯＧＯ從 Grand Seiko 的錶盤上拿掉。

關於從錶盤上拿掉「SEIKO」的策略，是我過去擔任海外業務本部長的時候，海外企畫團隊與業務團隊所提出的建言。

原因在於，SEIKO 的海外品牌價值，一直以來都與海外主力商品的中價位帶至普及價位帶錶款畫上等號，即使在國外精品通路販售高價位帶品牌腕錶，卻因為錶盤上的「SEIKO」，難以被識別為高級品牌的形象。

價。

儘管是聞名全球的「世界的SEIKO」，在「認知的價值」上卻被賦予了這樣的評價。

怎麼做才能成為由「情感的價值」所牽動的高級精品？

這正是最大的課題。為了真正與一般SEIKO商品做出差異化，勢必要從錶盤上拿掉「SEIKO」的LOGO。

雖然過去公司內部就曾經提出這項策略，然而當時Grand Seiko面臨國內市場長年低迷不振的情況，並未進入真正的討論與執行面。

在此之後，Grand Seiko在日本國內市場歷經第一、第二階段快速成長，終於到了落實這項策略的時刻。

但是，從錶盤上拿掉「SEIKO」LOGO的策略，對於擁有超過一百三十年歷史的SEIKO而言可謂相當重大的決定。公司內部在反覆小心且謹慎的多方討論之後，好不容易來到決斷的階段；我前去找服部社長商談此事。

沒想到服部社長當下就允諾這項提案，令我相當感動。身為一名白手起家的企業負責人，這絕對是會被歷史記上一筆的英明決斷。

不過從實際製作好成品到上市，需要進行變更各種設計與零件等大規模作業。因此，等拿掉「SEIKO」LOGO的新商品面世，已是這之後很長一段時間了。

Grand Seiko 就此成為獨立的品牌，品牌價值也的確更上一層樓，在海外市場及日本國內愈來愈活躍成長。

後記

我從 Seiko Watch 的執行副總裁兼營運長退職之後，以精品腕錶之姿重生、並且鞏固地位的 Grand Seiko，依舊在國內及海外市場持續成長。

僅販售 Grand Seiko 的 Grand Seiko Boutique 也順利在國內外拓展據點。

Grand Seiko 能夠品牌重生以至快速成長，是在服部真二社長（現任執行董事會長兼ＣＥＯ）的經營下，包括國內外 Seiko Watch 全體員工齊心協力的成果。

此外，對於背後最有力的支柱 Seiko Holdings Corporation（中村吉伸執行董事社長）、兩家製造商合作夥伴（精工愛普生〔SEIKO EPSON〕、精工半導體〔ＳＩＩ〕），及其工廠、高級工房、協力廠商，還有國內外所有客戶的大力襄助，我要再次致上深深的感謝。

從今之後，我也將繼續期盼 Grand Seiko 在國際精品市場的蛻變成長。

過去，我澈底盤點公司的經營資源，然後從公司內部、製造和銷售端這「三個現場」獲取各種業務情報與建議，將其進一步分析、改良之後成為 Grand Seiko 全新的市場戰略，並著手執行。

所有的經營資源、情報與業務法門，都藏在它們所在的「現場」，也就是企業內部及其周遭。如何彙整並擬訂為變革自家公司的市場戰略，正是領導者的角色。

我期待所有日本企業都能運用自家的強大武器，克服弱點與課題，重新打造市場戰略，讓強大的商品變得更強，甚至走向品牌化並成長為國際級企業。

如今我重新回顧自己的上班族人生，我在起跑點的三菱商事中學習到許多。以中國、亞洲為中心向全球各地出口鋼鐵與國內貿易；一九八〇年代起外派泰國從事中國貿易與工廠事務長達九年；還有在倉敷市水島豐富的現場經驗等等。現在想來都是相當棒的歷練，也教會了我各式各樣的事。

在這之後，我轉職來到截然不同的領域，在跨領域的 Seiko Watch 又是另一番獨立的市場戰略思考。

商業上的思考與推進策略基本是相同的。只不過重要的是，在這當中做哪些事有所加分、又是否有能力做到。

我所提出的「十大戰略方法」，養成於三菱商事的多年歷練，並在日後啟發我在腕錶業界的品牌市場戰略。

我也要再度向三菱商事，以及當時栽培、協助我的國內外前輩、同仁與晚輩，還有所有的客戶表達感謝。

最後，我要向出版這本書並多所照顧的 Discover 21 第二編輯部藤田浩芳先生、志摩麻衣女士為首的全體員工與協力人士，還有特此執筆的大西夏奈子女士致謝。

然後，我要向邀請我加入 Seiko Watch 的服部真二精工執行會長、CEO兼COO，以及從進入三菱商事第一天起即於公於私多所指導的 Pioneer EcoScience 執行董事會長竹下達夫，再一次致上最高的謝意。

如果這本書能幫助到日本所有的企業和身為經營者的各位，我將感到無上的光榮。

梅本宏彥

二〇二一年三月

喚醒沉睡的巨獅 Grand Seiko

將一流品質的商品，從谷底打造成極具競爭力的全球精品品牌經營之路

作者　梅本宏彦
譯者　周奕君
主編　劉偉嘉
校對　魏秋綢
排版　謝宜欣
封面　萬勝安
社長　郭重興
發行人兼出版總監　曾大福
出版　真文化／遠足文化事業股份有限公司
發行　遠足文化事業股份有限公司
地址　231 新北市新店區民權路 108 之 2 號 9 樓
電話　02-22181417
傳真　02-22181009
Email　service@bookrep.com.tw
郵撥帳號　19504465 遠足文化事業股份有限公司
客服專線　0800221029
法律顧問　華陽國際專利商標事務所　蘇文生律師
印刷　成陽印刷股份有限公司
初版　2022年7月
定價　380元
ISBN　978-626-95954-5-7

歡迎團體訂購，另有優惠，請洽業務部 (02)2218-1417 分機 1124、1135

國家圖書館出版品預行編目 (CIP) 資料

喚醒沉睡的巨獅 Grand Seiko：將一流品質的商品，從谷底打造成極具競爭力的全球精品品牌經營之路／梅本宏彥作；周奕君譯 .-- 初版 .-- 新北市：真文化出版：遠足文化事業股份有限公司發行，2022.07
面；公分 --（認真職場；22）
譯自：眠れる獅子を起こす：グランドセイコー復活物語
ISBN　978-626-95954-5-7（平裝）
1. CST: 鐘錶業 2. CST: 企業經營 3. CST: 品牌行銷 4. CST: 日本
487.18　111008081